LA EXTINCIÓN DEL NEOLIBERALISMO Y LA NUEVA SOCIEDAD

EL HORROR DEL COVID - 19

shanti nilaya
EDITORIAL

La extinción del neoliberalismo y la nueva sociedad
El horror del Covid - 19

1a edición, 2021
2a edición, 2023 | Editorial Shanti Nilaya®
Diseño editorial: Alejandro Fábregas Pombo
Diseño de cubierta: Alejandro Fábregas Pombo

ISBN | 978-1-961809-14-7

shantinilaya.life/editorial

LA EXTINCIÓN DEL NEOLIBERALISMO Y LA NUEVA SOCIEDAD

EL HORROR DEL COVID - 19

Rafael Góngora Santana

René A. Montesino Rivero

La Habana, 2021

Rafael Góngora Santana

Santiago de Cuba, 1950 .Autor de más de 20 libros entre los que se destacan: *Sueño de niños Presidentes, Amor Sublime, Amores del Siglo XXl* Compositor y arreglista de más de 300 canciones. Director actualmente del Centro Experimental de la Música del barrio: El Príncipe.

René A. Montesino Rivero

Granma, 1950 Jubilado de las Fuerzas Armadas Revolucionarias, doctor en Ciencias Militares, máster en Pedagogía en la Especialidad de Educación a Distancia en la Universidad de La Habana. Dirigió el grupo de trabajo y es el coautor del libro. En la actualidad es profesor del seminario metodista de la iglesia de Marianao.

Colaboradores:

María Antonia Castro Bustamante. Licenciada en Historia y máster en Ciencia de la Comunicación, y Directora de Programas de Radio y Televisión. ha tomado varios cursos y diplomados de la especialidad. Actualmente trabaja en la emisora de Radio Progreso.

Andy Contreras Orozco. Ha trabajado como agente de seguridad personal en servicio de embajadas. Actualmente trabaja en la embajada de República de Ghana.

Marta Beatriz Jiménez Monzón. Licenciada en economía con 30 años de experiencia y cursó escuela de reportera internacional Instituto de Periodismo José Martí. Ha trabajado como auditora, contadora, especialista, comercial a nivel provincial.

Gabriela Daniela Montesino Jiménez. Cursa de carrera el primer año de Humanidades en el Centro Cultural Padre Félix Varela. Participa en las peñas mensuales del proyecto CUBAO en el apartado de literatura. Participó como secretaria del que suscribe, el escritor y poeta, Rafael Góngora Santana.

Alejandro Fábregas Pombo. Graduado de la especialidad de Diseño de Comunicación Visual en el ISDi. Trabajó en la Editora Juventud Rebelde donde desarrolló disímiles proyectos de importancia. En la actualidad trabaja en el Centro de Información para la Prensa, allí se encarga del diseño de la revista digital CUBAHORA y de diferentes proyectos que se ejecutan.

Índice

PALABRAS AL LECTOR

Pretendemos con este libro dedicar a los humildes del planeta una información que nos permita concluir que, a pesar de las grandes dificultades por las que atravesamos, tendremos siempre la esperanza de que un mundo mejor es posible.

Repito unas palabras que escribí en mi libro Amores del siglo XXI en 2010,: "todos los que sueñan, piensan, tienen ternura y amor y sensibilidad humana serán capaces de entender cada palabra".

Para poder demostrar cada enfoque del libro y desarrollar los diferentes capítulos me dediqué, junto al grupo de trabajo, a realizar largas jornadas de recopilación y selección de mensajes, testimonios, diferentes artículos tomados de fuentes públicas verificables, en especial muchas, imágenes de internet que nos permiten mostrar al mundo casi en tiempo real la realidad de los acontecimientos. Junto a horas de discusión acerca del enfoque de los diferentes temas, y en un corto lapsus de tiempo, casi sin poder definir que será del futuro de todo lo que sucede, me he esforzado para darle al lector la posibilidad de valorar la esencia de la pandemia política del neoliberalismo y la pandemia biológica del coronavirus.

Si observan el título del libro, verán que fue necesario hacer énfasis en cómo ha afectado al mundo, en los últimos 50 años, el feroz y cruel neoliberalismo y cómo se ha llegado a su caída y enterramiento definitivo con la llegada de la pandemia. Dejar asentado que no hay alternativa posible que no sea la de alcanzar una nueva sociedad llena de amor y solidaridad, donde el bienestar del hombre sea el centro de su existencia.

Esto me obligó a profundizar en el surgimiento del neoliberalismo y sus raíces en el mundo, junto a las particularidades de cada país, tratados en los ejemplos expuestos como: Italia, España, Francia, Reino Unido, Estados Unidos, Brasil, México, Chile y Ecuador.

Resaltamos en el libro las actitudes heroicas y desprendidas de cientos de hombres y mujeres que están dando la vida en todo el mundo o arriesgándola solo por solidaridad, en especial, el personal de salud.

En cada uno de los diferentes capítulos no han faltado imágenes y referencias que muestren la solidaridad de Cuba, China, Rusia y otros países, además del agradecimiento del pueblo y gobierno de los países que han recibido tal ayuda.

Resulta obvio el hecho de que nos quedará para un segundo tomo las consecuencias económicas, políticas y sociales que ya están a las puertas.

Era de obligatorio deber el resaltar en pocas líneas el esfuerzo que viene realizando la dirección del país, con el apoyo solidario del pueblo y con el presidente Díaz-Canel al frente, todo por proteger la vida de cada ciudadano y organizar más la sociedad en la lucha para enfrentar la pandemia y en impulsar la ayuda solidaria a otros pueblos del mundo.

No podíamos tampoco escribir este libro sin resaltar un grupo de organizaciones progresistas y de líderes contemporáneos, algunos ya fallecidos, y otros que desde diferentes trincheras prosiguen la lucha, y que han dedicado toda su vida a defender el bienestar de los humildes.

También resulta imposible pasar por alto el hacer una especial referencia al expresidente Luis Ignacio Lula da Silva, quien continúa su lucha desde su partido de los trabajadores con el objetivo de lograr un mundo de amor y solidaridad.

Aunque algunos ricos están reaccionando al ver peligrar sus predios contra un virus invisible, que no distingue a quien enfermar, estamos seguros que tenemos que ser nosotros, los pobres de la tierra, los que debemos unirnos para cambiar nuestro planeta.

¡Gloria eterna a los que han muerto por proteger la vida de otras personas mostrando los sentimientos más dignos del ser humano!

El autor

EL CAMINO HACIA LA FELICIDAD

AL NEOLIBERALISMO

Se extingue el neoliberalismo
Después de tanta amargura
Al llegar la fuerza oscura
Que lo hala hacia el abismo
Es la pandemia segura
De su gran debilidad
Sabiendo que no da más
Y su entierro ya le augura
La humanidad se apresura
A gritarle basta ya
Ha sido tu gran maldad
Tus ambiciones, tus lujos
Tu robo de lo social

Tu creciente manantial
De riquezas indebidas
Que ha ido cobrando vidas
De los pobres de la tierra
Pero bueno tú te aterras.

LA PLENITUD DEL HOMBRE

Y el pobre que ya no aguanta
Con un nudo en la garganta
Y con deseos de llorar
Te dice mi mayoral
Tu propia ambición te entierra
Sí, ya llegó la pandemia
Y junto con su llegada
Se firma la retirada
De los males de la tierra
El amor y la justicia
La humildad, la compasión
La libertad de expresión
El rechazo a la avaricia
Vienen llenando de dicha
A todo lo que respira
Plantas, hombres y animales
Se unirán en hermandad
Creando una humanidad
Donde no haya desiguales
Todo lleno de frutales
De agua bendita y de soles
Todo rodeado de flores
De humanismo de hermandad
Para que pase entre amores
Una nueva sociedad.

RENE A. MONTESINO RIVERO.

INTRODUCCIÓN

El neoliberalismo llegó a su fase final después de más de 50 años de existencia, surgió como filosofía económica en 1930 a partir de un conjunto de académicos liberales europeos, que buscaban una vía intermedia entre el liberalismo clásico, doctrina a la que se atribuía la Gran Depresión y los recientes fracasos económicos de esa década, y la doctrina de planificación económica, que suprimía total o parcialmente las libertades económicas para el mercado.

El término dejó de utilizarse en la década de los 60 y reapareció con sorprendente fuerza en los años 80, en el contexto de las reformas económicas impuestas por la dictadura de Augusto Pinochet en Chile.

Desde entonces se le atribuyen las posturas de defensa capitalista más radicales, como las implementadas por Ronald Reagan en Estados Unidos y Margaret Thatcher en el Reino Unido.

Con la aparición de la pandemia queda al desnudo definitivamente su esencia inhumana y destructiva de la sociedad, en especial, de las clases desposeídas.

Queda demostrado la incapacidad de respuesta a la situación creada por la pandemia, tanto en los países más desarrollados como Estados Unidos, España, Italia, Francia, Reino Unido, así como en países de América Latina con fuertes economías como Brasil, México, Chile y otros de menos desarrollo económico como el caso de Ecuador con sus cadáveres tirados en la calles y más de 15% del personal de la salud contagiado con la covid-19.

Sabemos que la humanidad cuenta con los medios y las condiciones para controlar el coronavirus, que científicos, epidemiólogos y miles de laboratorios farmacéuticos trabajan para hallar la vacuna y hay razones de peso para pensar que lo conseguirán. La historia ha demostrado con creces, que la ciencia ha sido más que eficaz para curar las pestes que han azotado a la humanidad.

No puede decirse lo mismo del neoliberalismo, que ha llevado a la tumba a millones de excluidos (pobres, desempleados, enfermos, gente sin seguridad social, campesinos, comunidades indígenas, adultos mayores, informales, mendigos, pensionados) cuando no le han sido rentables, como ocurre ahora.

El neoliberalismo es la verdadera peste de la humanidad, tiene detrás un largo proceso histórico y un significado profundo. En este libro se demuestra que la pandemia, que inexorablemente será derrotada ha cavado la tumba para siempre del oprobioso sistema neoliberal.

Al mundo lo gobierna un modelo depredador que amenaza la vida misma del planeta; "la tasa de mortandad se concentra con saña en afros y latinos, sin seguridad social ni ayuda de ningún tipo, en un momento en donde abunda la avaricia y escasea la solidaridad. El coronavirus no afecta a todas las personas por igual. En realidad, los pobres, los ancianos y las personas de color soportan la carga de los efectos de este virus como ningún otro grupo, especialmente en Estados Unidos."

"Ya no se trata solamente de una crisis sanitaria global, sino que supone una grave crisis económica y laboral que está teniendo un fuerte impacto en las personas", dijo Guy Ryder, director general de la Organización Internacional del Trabajo.

También algunos países de América Latina y en el continente africano, donde la seguridad social y los sistemas de salud estatales se fueron debilitando con los gobiernos neoliberales, se le dio al sector privado el manejo y la intervención en la cuestión sanitaria convirtiendo la salud en un negocio. Los trabajadores no solo vieron desmantelada su protección social sino también sus derechos y garantías laborales, al favorecer además la inversión extranjera y la movilización de capitales.

Con la implantación de estas políticas neoliberales, se estimuló la migración laboral. Pero estos migrantes están desprotegidos y constituyen una población de alto riesgo ante la pandemia. Ellos obligados a vivir en el hacinamiento, muchos con falta de higiene y con precarias condiciones de trabajo.

La vulnerabilidad de esta población ante la covid-19 es de gran magnitud, incluyendo los del sector informal que laboran sin contrato de trabajo, sin registro de personalidad jurídica o simplemente sin remuneración. Cuando en el continente empezaban a establecer las medidas de aislamiento social, ellos protestaron y exigieron a los gobiernos ayudas durante el período de aislamiento, pues una medida como la cuarentena los pone más cerca del hambre y de la muerte que el mismo coronavirus. "Los trabajadores informales son los más afectados por esta crisis. El día que no venden no comen porque no tienen forma de sobrevivir, carecen de servicio de salud. No tienen salarios y no los cubre la seguridad social".

También son vulnerables los trabajadores con contratos por tiempo indeterminado. Significa que su trabajo es de prestación de servicio temporal, lo que obliga al trabajador a no faltar durante ese período, y si cae enfermo y no puede trabajar, se congela su contrato. Pero las personas con contratos a término indefinido, muchas veces los tienes con salarios mal pagados, por tanto, se verán afectadas también por el coronavirus. Muchas empresas están cerrando y mandando a sus trabajadores a casa hasta nuevo aviso y las personas dejan de percibir su salario durante dicho periodo.

Si esta situación ha afectado a países desarrollados, qué decir de los que tienen escasos recursos, con sistemas sanitarios embrionarios, como los de América Latina y el continente africano, donde 56% de los activos viven en la economía informal, durmiendo en las calles, viven en campamentos improvisados de refugiados o en las ruinas de edificios destruidos.

Y no solo está el riesgo de infección que enfrentan en sus barrios marginados, se suman los peligros que encaran en los transportes públicos y en sus empleos. Por otro lado, inmigrantes ilegales e indocumentados no van a los servicios de salud por miedo a que los detengan.

El aislamiento social, lavarse las manos o toser y estornudar con el codo puede servir para reducir el contagio, pero no basta para detener el coronavirus, es necesario detectar todos los casos. La forma más efectiva de prevenir infecciones y salvar vidas es romper las cadenas de transmisión y para lograrlo es necesario hacer pruebas y tomar medidas para aislar los casos positivos, que solo es posible en los países con sistemas sanitarios de cobertura universal o casi universal, como Cuba, China, Venezuela. Otro como Corea del Sur, a pesar de ser capitalista, hizo un esfuerzo desde el principio para cuidar la vida de sus ciudadanos.

En estos países ha sido muy efectiva la estrategia de rastreo, detección y tratamiento de los infectados, pues han podido realizar una planificaciónadecuada en materia salud. En especial Cuba con pesquisas diarias realizadas a cientos y cientos de personas ha logrado ir bajando la curva de los infestados y fallecidos. Todos estos países han encontrado respuestas colectivas, al garantizar los derechos laborales y sociales de la población.

"El mundo ha sido solidario con Cuba y por eso la Isla se siente cada día más y más solidaria con todos los pueblos del mundo", expresó Miguel Díaz-

Canel al clausurar el Encuentro Antimperialista de Solidaridad, por la Democracia y contra el Neoliberalismo. "El Presidente cubano dijo que la cooperación médica cubana es un objetivo de ataque permanente. Igualmente mencionó que se trata de desacreditar un esfuerzo noble y solidario que el mundo entero reconoce y que, junto a la Escuela Latinoamericana de Medicina y la Brigada Henry Reeve contra catástrofes naturales, constituyen la expresión más genuina y exitosa de la cooperación entre países en vías de desarrollo". "Son ya más de 400 000 los profesionales de la salud de Cuba que han brindado servicios en 164 países. En este minuto más de 23 000 atienden a las poblaciones vulnerables de 65 naciones. Nada dice tanto de la esencia humanista de la Revolución cubana, como esa cooperación. Por eso el empeño en denigrarla y destruirla".

Según Ignacio Ramonet al valorar la situación actual expresó: "A estas alturas, ya nadie ignora que la pandemia no es sólo una crisis sanitaria. Es lo que las ciencias sociales califican de hecho social total, en el sentido de que convulsa el conjunto de las relaciones sociales, y conmociona a la totalidad de los actores, de las instituciones y de los valores". Cuando los sistemas de salud se manifiestan desastrosos. Aquellos gobiernos que recortaron los presupuestos de salud pública, ahora tendrán que gastar más a causa de la pandemia. Nos enteramos a diario de cuántos agonizan enfermos que resultan muertos por no disponer de camas en las Unidades de Cuidados Intensivos.

"Ningún país se salvará por sí solo, por más medidas de carácter progresista que implemente. Todo parece indicar que la solución es global y requiere de una reformulación radical de las relaciones Norte-Sur, en el marco de un multilateralismo democrático, que apunte a la creación de Estados-nacionales en los cuales lo social, lo ambiental y lo económico aparezcan interconectados y en el centro de la agenda". Así reflexiona Maristella Svampa en su artículo "Reflexiones para un mundo post-coronavirus". "Esto nos ayudaría a prepararnos positivamente para responder al gran desafío de la humanidad, la crisis climática, y a pensar en un gran pacto eco social y económico".

Busquemos soluciones transformadoras en medio de este desastre. No nos quedemos en casa pensando en que no hay nada más que hacer. Es una situación extraordinaria, de crisis sistémica, pero cuando ciertas puertas deben cerrarse, otras deben abrirse y potenciarse un Estado que valorice el cuidado y la vida. Entonces nos convenceremos que otro mundo es posible. Nos aguardan otras pandemias, la multiplicación de enfermedades ligadas a la contaminación y al agravamiento de la crisis climática. No será fácil, pero tampoco es imposible.

La covid-19 no distingue raza, sexo ni edades, pero las sociedades desigualitarias sí, porque la salud es una mercancía y, por tanto, los grupos sociales pobres, discriminados, marginalizados, explotados quedan mucho más expuestos a la infección. Una gran parte de la humanidad no puede seguir viviendo en un mundo tan injusto y desigual. Esta traumática experiencia debe ser utilizada para avanzar hacia el más alto nivel de solidaridad comunitaria y la mayor integración social.

La globalización es un proceso objetivo que significa la mundialización de la economía. Esta globalización neoliberal insostenible en tiempos de covid-19 tendrá que dejar de existir para dar paso a una globalización solidaria, en bien de los pueblos y de su desarrollo integral. Desde 1959 el líder histórico de la Revolución cubana Fidel Castro advirtió: "Tenemos que acabar de ver que el gran problema de todos los pueblos de América Latina es el subdesarrollo, y que nosotros debemos unir nuestros esfuerzos para solidariamente ayudarnos todos a desarrollar económicamente nuestros pueblos".

Eso es neoliberalismo: el empeoramiento de los principales indicadores de salud, el deterioro del nivel de vida, el acortamiento de la esperanza de vida promedio, las enfermedades y muertes evitables, en particular en la infancia; desigualdad, injusticia, hambre, miseria, enfermedad y muerte.

En muchas partes del mundo se amplifica el reclamo de que Estados Unidos levante las injustas medidas unilaterales coercitivas contra Cuba, Venezuela, Irán, Nicaragua, Siria y otros países, para poder enfrentar mejor los efectos de la covid-19. Es un problema humanitario. Marcelo Colussi en su artículo "Coronavirus, ¿fin de la globalización neoliberal?" publicó en Madrid el 8 de febrero 2020 las palabras del Papa Francisco quien ha reclamado que "considerando las circunstancias, se afronten, por parte de todos los países, las grandes necesidades del momento, reduciendo o incluso condonando, la deuda que pesa en los presupuestos de aquellos más pobres".

Pero las desigualdades pueden reducirse mediante políticas sociales y sanitarias apropiadas, políticas que mejoren la situación del desempleo, la educación, el medio ambiente, la vivienda y los servicios sanitarios entre los más necesitados en sociedades donde la pobreza constituye el denominador común de la mayoría de las afectaciones en cuestiones de salud.

La covid-19 no distingue entre pobres y ricos, es una enfermedad que le da un golpe al capitalismo, y trae como consecuencia otro virus ideológico, el virus de pensar en una sociedad más allá del Estado-nación, una sociedad más solidaria y cooperativa a nivel global, basada en la confianza en las personas y en la ciencia. No necesitábamos una catástrofe pandémica para entender que el capitalismo global se acerca a una crisis sin retroceso.

De ahí que el reto principal de la humanidad sea una radical reconstrucción económica, política y cultural de la sociedad sobre bases nuevas, ya que no es otro el conflicto del mundo, como lo han demostrado claramente teóricos sociales, intelectuales, activistas de movimientos sociales y algunos líderes políticos excepcionales como Chávez, Fidel, Evo Morales y otros grandes hombres como Lula que han dedicado toda su vida a la lucha por el bienestar de los humildes en la contemporaneidad.

RAFAEL GONGORA SANTANA

CAPÍTULO 1

La pandemia se propaga en el mundo desarrollado

La pandemia se propagó por el mundo sin control. Ningún país, ni tan siquiera aquellos de mayor desarrollo como: República Italiana (Italia), España, República Francesa (Francia), Reino Unido de Gran Bretaña e Irlanda del Norte (Reino Unido) y los Estados Unidos de América (Estados Unidos), estaba preparado para resistir esta pandemia, según los enunciados de los sistemas de salud de estos.

En algunos de ellos se aplicaron duras medidas de austeridad en el gasto público que afectaron servicios como la sanidad. Las consecuencias se ven hoy en el enorme descenso de camas en los hospitales públicos.

ITALIA

Crisis sanitaria sin precedentes

Los médicos italianos habían alertado sobre la crisis del sistema sanitario que ya se encontraba en coma antes de llegar el coronavirus que, según las cifras oficiales, el 1 de abril (2020) dejaba más de doce mil muertos.

El severo ajuste al presupuesto de la salud se inició durante la última gestión de Silvio Berlusconi, pero fue después de la crisis de 2008, tras la quiebra del banco Lehman Brothers, cuando el miedo a una estrepitosa caída de los mercados justificó la moda del recorte presupuestario.

En 2011, luego de que el Parlamento italiano aprobara un presupuesto con ajustes en todas las áreas de la administración pública, Berlusconi fue destronado por sus escandalosas bacanales. Lo sucedió Mario Monti, conocido por su vocación por los ajustes. Sus primeros recortes sumaron 4 500 millones de euros en sanidad y en la administración pública. Es en ese contexto, que el personal sanitario italiano hace frente a la guerra contra la covid-19.

Los médicos se han visto sometidos al riesgo de contagio desde el momento de atender a los infectados, a causa de la escasez de dispositivos de protección.

El colapso de los hospitales también ha puesto al personal sanitario italiano frente a una encrucijada ética: decidir a quién se atiende y a quién no. "Si una persona está entre 80 años y 95 años y tiene una insuficiencia respiratoria grave, seguramente dejará de ser tratada", declaró el médico del hospital Bérgamo, Christian Salaroli, al periódico *Corriere della Sera* (22 de marzo de 2020)

.

Fig. 1 Roberto Stella, presidente de la Asociación Médica de Varese.

(Fig.1), Roberto Stella de 67 años, presidente del Colegio de Médicos de Varese. En plena crisis, sucumbió ante una insuficiencia respiratoria. En el sepelio, Silvestro Scotti, secretario nacional de la Federación de Médicos de Medicina General, manifestó que la muerte de Stella era el testimonio más dramático de la emergencia en la que hoy se encuentra el sistema nacional de salud.

Roberto Stella, presidente de la Asociación Médica de Varese, fue un luchador que murió en el campo de batalla abatido por el coronavirus. Saverio Chiaravalle, el jefe de la sala de emergencias de San Donato y su gran amigo, se las arreglan para alejarse de los pacientes solo unos minutos y recordar a Stella, quien visitó a los pacientes antes de morir.

Otro de los fallecidos fue el sacerdote italiano Cirilo Longo (Fig. 2), quien dejó un mensaje de esperanza desde su lecho de muerte.

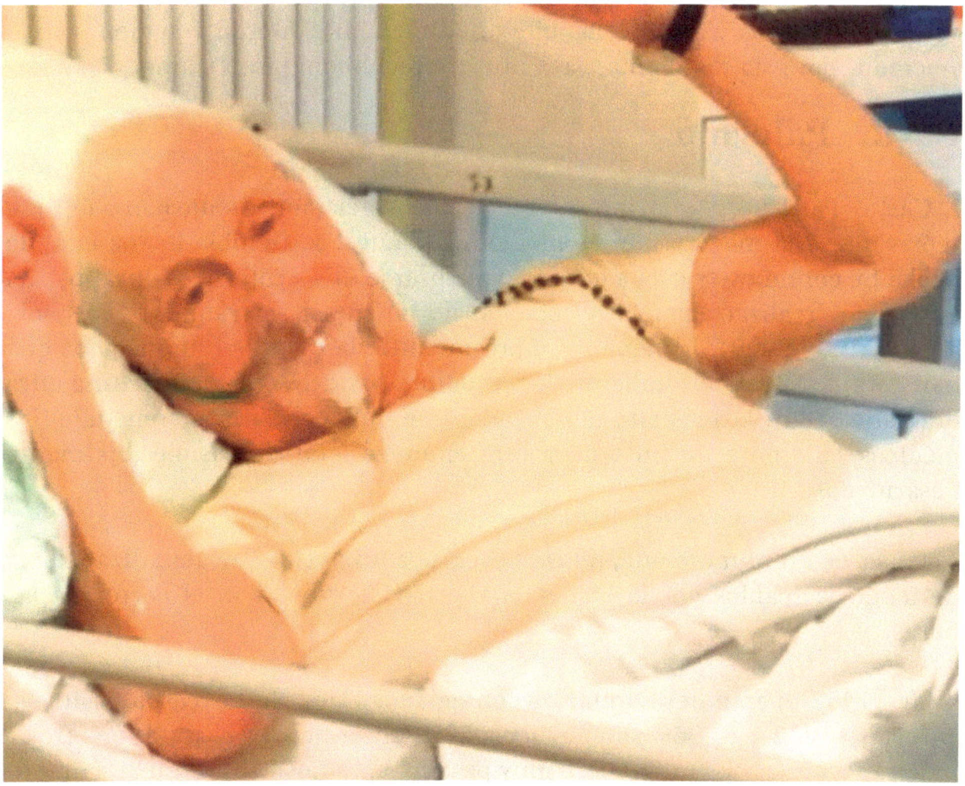

Fig. 2 Cirilo Longo (7 de abril de 2020).

La imagen de Cirillo Longo, levantando los brazos en un gesto de triunfo pocas horas antes de morir, ha dado la vuelta al mundo. Era el fundador del centro Don Orione, el Cottolengo de Bérgamo. Sus últimas palabras fueron: "No tengáis miedo porque todos estamos en manos de Dios. Nos vemos allí".

Durante su ingreso, su esperanza y su fe conmovieron y animaron a todos los enfermos y al personal del hospital donde se encontraba. Una trabajadora del centro contó, que a pesar de sus 95 años de edad, estaba lleno de vida y era capaz de consolar y dar fuerza a quienes sufrían por cualquier contratiempo. Siempre recomendaba a todos el rezo del rosario que llevaba en sus manos (ver Fig. 2), porque era un enamorado de la Virgen.

Hombres como este sacerdote y este médico mostraron al mundo la fuerza humana y la esperanza de un mundo mejor y la verdadera cara del neoliberalismo. A ellos y a todos los que anónimamente fueron y siguen siendo afectados por esta pandemia, vaya nuestro reconocimiento y amor.

Carlos Palermo

A Carlos Palermo (Fig. 3), presidente de la Asociación Médica Anaao, que representa a la mayoría de los médicos italianos, le tiembla la voz cuando habla. Se conmueve y está a punto de quebrarse una y mil veces durante una entrevista (realizada por la Asociación de la Prensa Extranjera, Facebook, 4 de abril de 2020). El tema es impresionante: la cantidad de médicos que han perdido la vida en Italia por la pandemia covid-19. Se trata de una cifra dramática (80), la más alta del mundo, que deja en claro que en Italia los médicos salieron a luchar contra este enemigo letal e invisible totalmente desarmados.

Además, es un número que, tal como registra un portal que actualiza la lista de médicos "caídos por la epidemia Covid-19", crece con el correr de las horas.

"Hay 11252 operadores sanitarios contagiados, 10% de los casos positivos. De estos 11252, casi 25% son médicos, 50%, enfermeros y el resto son otros", precisa Palermo. "Es un número muy pesado, para nosotros es un crecimiento cotidiano del dolor".

Fig. 3 Carlos Palermo, presidente de la Asociación Medica de Anaao

¿Cuál es el perfil de estos 80 médicos-héroes fallecidos en la trinchera?

Palermo, médico jubilado de 66 años de edad, cuenta que 60% eran médicos de base y los demás, de hospital. La mayoría eran varones de un promedio de 65 años de edad. Enfrentaron la explosión del coronavirus cuando aún no se sabía nada. El virus comenzó a circular a finales de diciembre y principios de enero, cuando tuvimos extrañas neumonías y la covid-19 se sobrepuso a la normal epidemia de influenza y esto no permitió discriminar dos formas. Ahora sabemos más, pero entonces un paciente iba al estudio de su médico por fiebre, tos y los típicos síntomas de la gripe y ahí fue el contagio.

¿Por qué es tan alto el número de médicos fallecidos en Italia?

Hay dos razones: Una que Italia fue la primera nación del mundo occidental en enfrentar un problema inesperado: nadie se esperaba un estallido epidémico tan alto, sobre todo concentrado en un territorio específico, como es el triángulo entre Lombardía, el Véneto y Emilia-Romagna. No estábamos preparados, no estábamos listos, es inútil darle la vuelta. No hemos recordado las enseñanzas de Carlo Urbani, médico infectólogo que combatió el virus Sars en 2003 en Vietnam, salvó a Vietnam y murió contagiado. Urbani nos habría enseñado dos cosas: que todos los pacientes contagiados por coronavirus deben ser aislados de modo férreo y que había que prever estructuras dedicadas a ellos con rigurosas reglas de comportamiento. La segunda razón es que no tuvimos dispositivos de protección individual.

¿Falta de barbijos y máscaras?
Estamos en riesgo biológico nivel 3, pero hubo una subvaloración, al principio, de parte de la Organización Mundial de la Salud (OMS), que indicó el uso de un simple barbijo quirúrgico, cuando en realidad sirven máscaras filtrantes (FFP2 o FFP3). Los médicos no teníamos estos dispositivos. No estábamos listos. Tampoco teníamos equipos y vestuario acorde, equipos que necesitan de procedimientos para vestirse y desvestirse muy complejos, ni cámaras a presión negativa, que solo tienen estructuras especializadas en infecciones.

¿Ahora las cosas han mejorado, los médicos tienen protecciones adecuadas?
Depende. En Toscana, donde yo resido, ahora hay por suerte máscaras. En el sur, en Lazio y Campania, aún no tenemos distribución de las máscaras. Protección Civil dice que serán distribuidas entre hoy y el inicio de la semana que viene. Espero que sea así.

¿Europa debería diseñar una estrategia común para proteger al personal sanitario?
Claro. Con solo pensar que la producción de todos los dispositivos de protección está en manos de China, uno se da cuenta de que hay que volver a producir en Europa. O si pensamos en los respiradores necesarios en las terapias intensivas: hemos llevado la producción de todo esto a Asia, pero debemos traerla de vuelta a Europa, para que se mueva unida y evite la competencia de los países para acaparar todo eso. Porque esto no termina mañana. Italia saldrá antes, pero hará falta una estrategia para enfrentar el después y los nuevos focos epidémicos. Nadie debe hacerse ilusiones, esto cambiará el mundo. Hasta que no haya una vacuna, habrá otros brotes, como ya está sucediendo en China.

Piensen en la angustia de quien sabe que estuvo expuesto a un paciente covid-19, que no vuelve a casa, que no ve a su propia familia por miedo a difundir el contagio.

¿Los familiares de los médicos fallecidos harán juicio?
Sí, ya hay una fuerte discusión en el Parlamento porque puede haber responsabilidad de tipo penal y civil de parte del Estado, debido a estos retrasos evidentes, aunque ya intentan hacer un escudo. Entiendo que es una guerra y que se puedan aflojar las reglas del marco jurídico, pero al menos debe haber fondos de indemnización.

¿Cómo cambiará esta experiencia el sistema sanitario nacional de Italia, que en los últimos años sufrió graves recortes de presupuesto?
Espero que cambie mucho. Siempre nos opusimos a la fragmentación del sistema sanitario nacional, en el que las regiones tienen autonomía en cuanto a la salud y donde cada región hace lo que le parece. Nosotros pedimos una recentralización de las políticas sanitarias, que no deben sufrir más recortes de personal y de puestos-cama. Hay que intervenir para hacer homogéneo el derecho a la salud y para que exista asistencia para todos. Este sistema nos ha hecho mal. En Italia, donde hay una esperanza de vida muy alta para los varones de 82 años y para las mujeres de 85 años, hay una gran diferencia si uno vive en el sur o en el norte... Hay que recentralizar todo.

Dos enfermeras se suicidaron... ¿Teme que pueda suceder lo mismo entre los médicos?
Sí, los efectos psicológicos son muy fuertes. Piensen en los médicos que están en primera línea, que cotidianamente enfrentan la muerte. La muerte de las enfermeras tuvo que ver con esto. Desde la primera línea tenemos señales muy preocupantes bajo este perfil. El estrés es muy grande, indecible, insoportable. Luchen en sus países para que esto no pase.

Héroes de la batalla: médicos y enfermeros

Los médicos y enfermeros pasarán a la historia, así como algunas de las imágenes más emblemáticas de la batalla contra el coronavirus. Se trata de las fotografías de enfermeros extenuados que muestran las llagas que les provocan los trajes que deben usar para dejar un mensaje: **"Quédense en casa"** (Fig. 4).

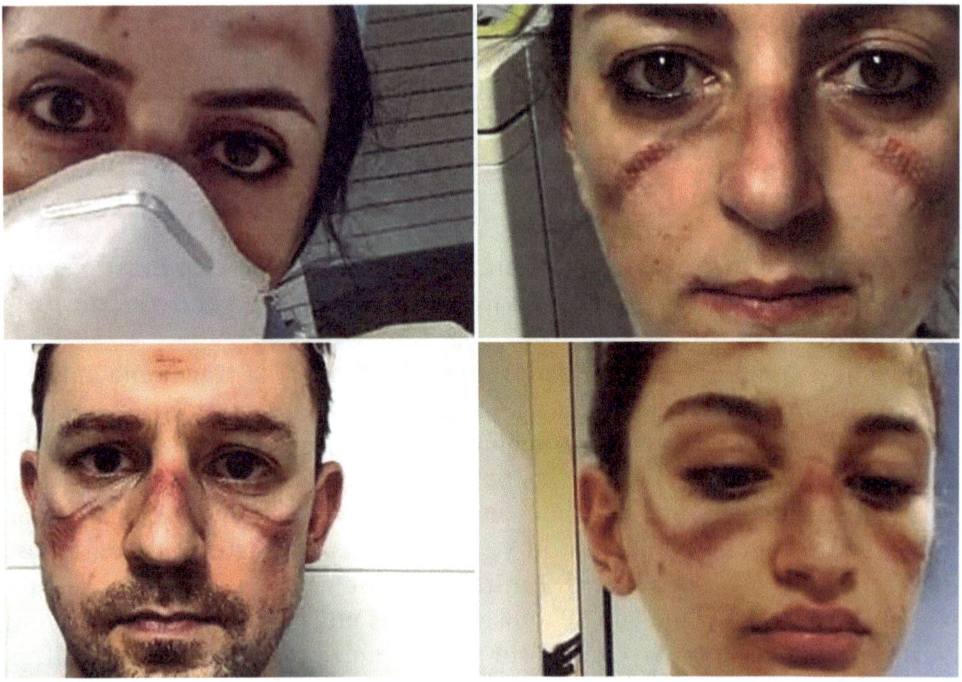

Fig. 4 Lesiones causadas a médicos y enfermeros por los dispositivos usados en la protección contra la epidemia.

Italia, que registró más de seis mil muertos por el virus, movilizó al personal médico, enfermeros y asistentes, para hacer frente a la emergencia.Al igual que muchos otros médicos y enfermeros, los italianos dieron cuenta de la difícil situación de los hospitales que están en el foco de la pandemia. Los especialistas compartieron en sus redes sociales las imágenes que ilustran el agotamiento y las consecuencias de la dedicación a su labor de todos los días por combatir la pandemia del coronavirus.

Es que los que se encuentran en la primera línea en el combate contra el coronavirus llevan en sus frentes, cachetes y narices, marcas como "medallas de honor". Las dolorosas llagas son producto de varias horas de labor vistiendo los trajes de protección que deben usar para atender a los pacientes. Solo algunos días atrás, en el hospital de Cremona, al norte de la península, foco del brote, los compañeros de Elena Pagliarini, una enfermera de 43 años, la retrataban descansando sobre un escritorio después de otra interminable jornada, atendiendo la emergencia del coronavirus en el hospital de Italia (Fig. 5).

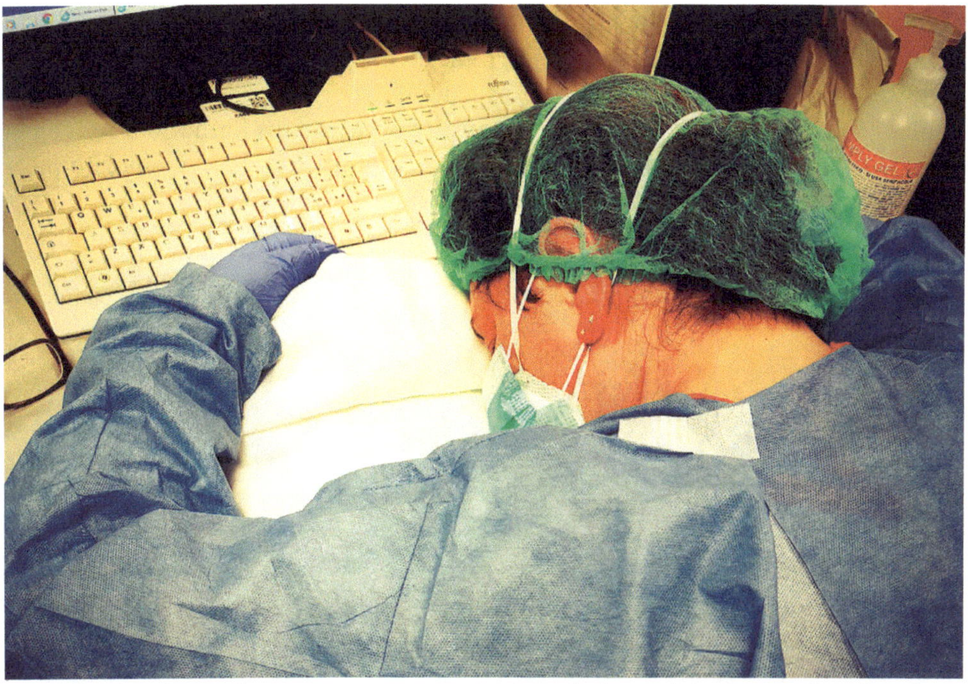

Fig.5 Elena Pagliarini descansa en un escritorio, después de una jornada agotadora de trabajo.

Las imágenes de los enfermeros se volvieron virales, convirtiéndose en el símbolo de los esfuerzos del personal médico en la lucha contra la epidemia en el país.

La imagen es contundente. La enfermera, agotada, cede al cansancio tras uno de los turnos más agotadores de su vida y lleva aún puestos barbijo, bata y guantes. La fotografía fue tomada por una compañera, quien, conmovida, la compartió en sus redes sociales. En breve se volvió viral, convirtiéndose en el símbolo de los esfuerzos del personal médico en la lucha contra la epidemia en el país.

Una mujer coloca una bandera italiana que dice: "Todo estará bien" en el balcón de su apartamento, como parte de un flashmob organizado para levantar la moral durante la crisis del coronavirus en Italia.

Todo el personal médico italiano se ha movilizado, pese a que en los últimos años tras los fuertes recortes, ya trabajaban en duras condiciones, con largos turnos y escasez de personal.

En Toscana, más al sur, los hospitales también empiezan a sufrir. Desde Grossetto, la enfermera Alessia Bonari, publicó su imagen con el rostro lleno de los moretones causados por la mascarilla quirúrgica que lleva puesta todo el día: "Yo también tengo miedo", asegura tras lanzar un llamado a todos los italianos a respetar las medidas draconianas impuestas por el Gobierno para frenar la propagación del virus (Fig.6).

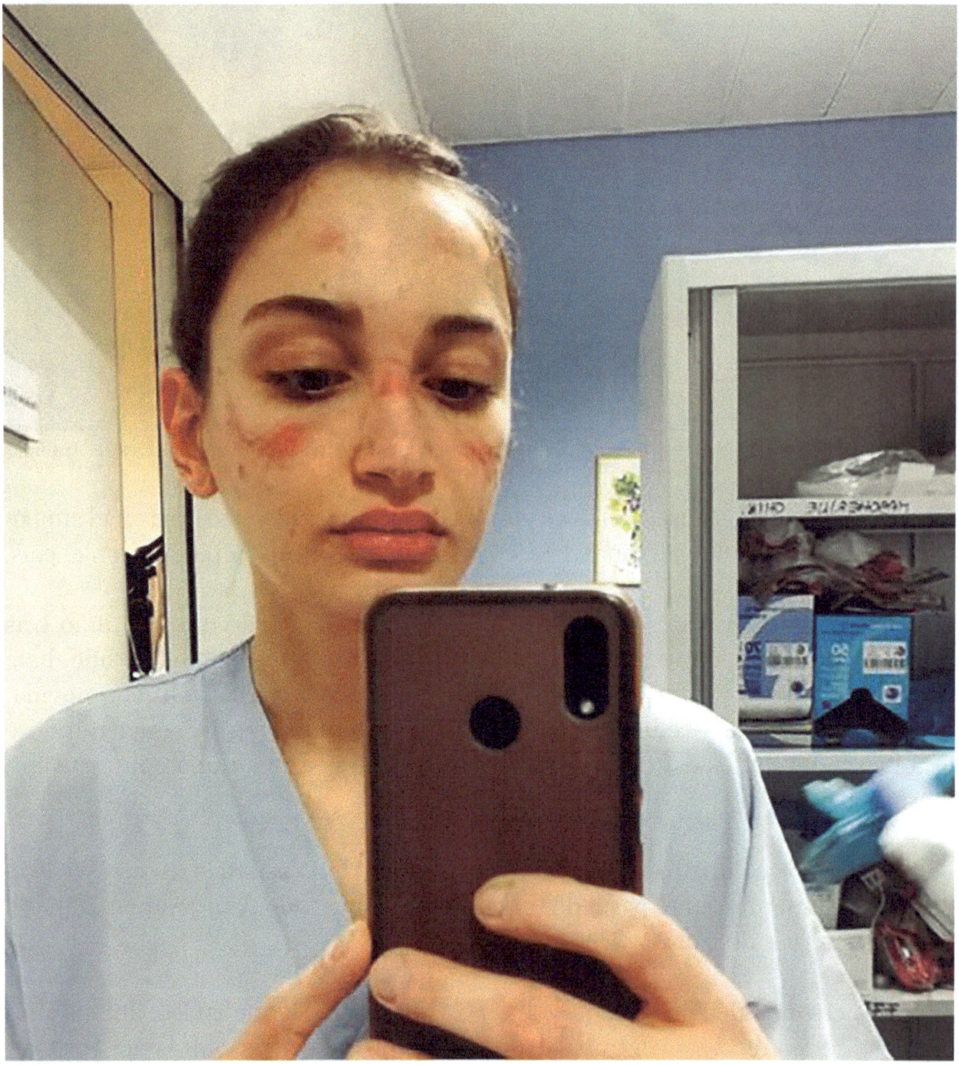

Fig. 6 El posteo de Alessia Bonari que se viralizó.

Alessia comentó en su publicación: "No desaprovechen el esfuerzo que estamos haciendo. Sean altruistas, quédense en casa para proteger a los más frágiles". Y concluyó: "No puedo permitirme el lujo de regresar a mi hogar en cuarentena, tengo que ir a trabajar y hacer mi parte. Haz la tuya, te lo pido por favor" (Reuter, 24 de marzo de 2020).

En el hospital San Giovanni di Bosco en Turín, un equipo de asistencia psicológica apoya al personal médico bajo presión. "La iniciativa involucra a los que trabajan en reanimación y primeros auxilios", explicó la psicóloga Mónica Agnesone al diario La Stampa (21 de abril de 2020).

"Pero cualquiera que lo necesite puede presentarse, recibimos a todos", explicó al referirse a los ritmos agotadores, la presión y el estrés que aumentan entre el personal de la salud.

"El miedo a cometer errores, a infectarse, a no poder continuar en estas condiciones acecha", explicó la psicóloga. "Por eso, hay que cortar, aliviar la tensión, hacer ejercicios de respiración y enfocar la atención hacia otra cosa", aconsejó.
Los militares colaboraron con la transportación de los ataúdes hasta los cementerios, prestando su ayuda a los hospitales (Fig. 7).

Fig.7 Militares en el cementerio de Bérgamo.

Los profesionales de la salud trabajan las 24 horas, mientras el país intenta detener la propagación de un virus que hasta ahora ha cobrado cerca de setenta mil vidas en Italia.

Otro de los médicos fallecidos de 59 años de edad y amigo cercano de Roberta Re, una enfermera del hospital Piacenza en Emilia-Romaña, la región con el segundo mayor número de casos, quien comentó al periódico británico *The Guardian* (24 de marzo de 2020): "Es una experiencia que compararía con una guerra mundial... Pero es una guerra que no se puede combatir con armas tradicionales, ya que todavía no sabemos quién es el enemigo y por eso es difícil luchar. La única arma que tenemos para evitar que las cosas empeoren aún más es quedarse en casa y respetar las reglas, hacer lo que hicieron en China, ya que esto está dando sus frutos".

Los entierros sin familia ni despedida

El coronavirus está quitándole a los italianos la oportunidad de una despedida final, despojando a los muertos de su dignidad y agravando el dolor de los que viven.
El derecho a decir adiós, ha sido una conmovedora campaña para que los pacientes que están a punto de morir puedan despedirse de los suyos.

Esta pandemia mata dos veces. Primero, aísla al enfermo de sus seres queridos justo antes de morir. Después no permite que nadie tenga un cierre emocional.

Muchas víctimas de la covid-19 mueren en aislamiento hospitalario sin la compañía de familiares ni amigos.

Las visitas están prohibidas por el alto riesgo de contagio

Aunque las autoridades aseguran que el virus no puede transmitirse después de muerta la persona, todavía puede sobrevivir en la ropa durante unas horas. Eso quiere decir que los cuerpos se almacenan herméticamente de inmediato.

Los muertos no pueden ser enterrados con sus trajes finos ni preferidos. En su lugar se quedan con la lúgubre e impersonal bata de hospital.

Algunas familias llevan al funerario el traje para que este lo coloque encima del cuerpo, como si estuviera vestido y deben confiar en este para que realice esa

función en lugar del familiar.
En esta situación sin precedentes, los directores de funerarias de repente se encuentran fungiendo como un reemplazo de las familias de los amigos y hasta del sacerdote (Fig. 8).

Fig. 8 Ataúd solo acompañado por el personal de la funeraria.

Las iglesias también se han convertido en un lugar de almacenamiento de ataúdes (Fig. 9).

Fig. 9 Los ataúdes acumulados en las iglesias.

La industria funeraria no da abasto y el número de muertos continúa aumentando.

Hasta el viernes 27 de marzo, el virus había matado en Italia a más de ocho mil personas, más que en cualquier otro país del mundo.

Médicos y enfermeros de todo el país han sido elogiados como héroes, salvadores en la hora más oscura de Italia. Pero los trabajadores de funeraria no han recibido reconocimiento por lo que hacen.

Muchos italianos ven la labor del funerario de la misma manera que ven la de Caronte, el siniestro barquero del inframundo de la mitología griega, que transportaba a los recién muertos a través del río que divide el mundo de los vivos del mundo de los muertos. Una labor automática y desagradecida en los ojos de muchos.

Mensaje de los médicos y personal de la salud

En una carta al presidente de la República Italiana y en un dramático video, las asociaciones de los anestesistas reanimadores y de enfermeros lanzaron una seria alarma sobre las condiciones críticas a que ha llegado la batalla en la primera línea de la guerra contra el coronavirus.

Al presidente de la República Italiana, Sergio Mattarella, el presidente de la Asociación de Anestesistas-reanimadores Hospitalarios, Alessancra Vergallo, le informa que "escasean las reservas de mascarillas con más alta protección, utilizadas especialmente, en las terapias intensivas". En Lombardía las reservas se han reducido a uno o dos días.

"Se arriesga a paralizar la eficacia del empeño en el intento de salvar el mayor número de vidas humanas". La Asociación de los Enfermeros Italianos puso en su sitio online sindical un impresionante video, que Clarín (23 de marzo) reproduce íntegramente, donde revela el clima dramático que se está viviendo sobre todo en los hospitales del norte italiano, en que se encuentran la gran mayoría de los más de veinte mil contagiados y de alrededor de dos mil muertos.

El texto del video con el llamado urgente de la Federación Italiana de las órdenes profesionales de enfermería, comenta las imágenes que describen los rostros demacrados, cansados, marcados, de sus profesionales, que los italianos consideran héroes nacionales, y dice así:

No hay más tiempo. No tenemos más camas para internar a las personas. Estamos obligados a volver a utilizar los dispositivos individuales, porque escasean o en muchas ocasiones los que están disponibles no son idóneos.

Estamos en peligro constante. Sabemos que nos arriesgamos cada día al contagio, además de vivir el miedo constante de llevar el virus a nuestros hogares. No hay más, ni siquiera tiempo para llorar, solo cuando terminan los largos turnos masacrantes.

Estamos solos. Si no frenamos esta avalancha pagaremos el más grande tributo: el fracaso de todo el sistema y de cada cosa por la cual tiene sentido vivir. Necesitamos más hospitales, personas. Ya. Ahora. No mañana. Necesitamos profesionales calificados, no reciclados, no tirados al frente como peones. También los necesitamos a ustedes, queridos ciudadanos. Enciérrense en casa. Cada salida abre la puerta al virus. No podemos permitírnoslo. No hay más tiempo (Clarín, 23 de marzo).

Aislamiento, muerte y desesperación: "Esto no es un juego", dice un joven italiano enfermo (Fig. 10).

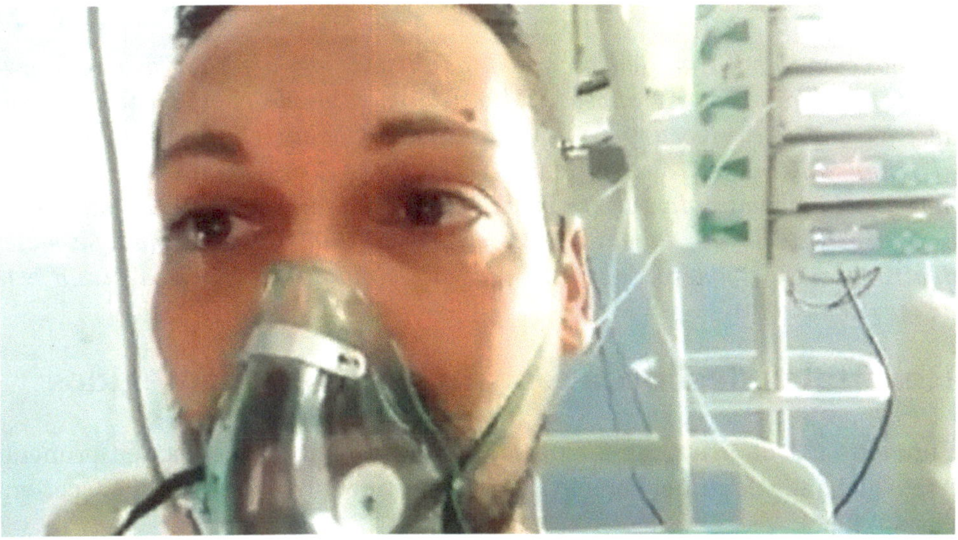

Fig. 10 Aislamiento, muerte y desesperación.

"Quédese en casa, quédese totalmente en casa y limite sus salidas a hacer la compra y a ir a la farmacia. Se realizarán controles policiales para verificar el cumplimiento de esta disposición".

Con este mensaje desde sus vehículos, la policía italiana instaba a la población a respetar el confinamiento.

"No salgan de casa para evitar el contagio, para evitar la parálisis en los hospitales, las hospitalizaciones y especialmente en los centros de cuidados intensivos", insistían las autoridades.

El primer ministro de Italia, Giuseppe Conte, anunció:

Ya no habrá una zona roja, ya no habrá una zona uno y una zona dos de la península, habrá Italia, una zona protegida.

Hacer de todo el país una llamada "zona roja" se considera la única medida que puede detener la covid-19. Italia es el país con más casos en Europa y con el mayor número de infecciones fuera de Asia. Las calles están vacías y las ciudades de mayor turismo parecen pueblos fantasmas.

Muchos fuera de Italia piensan que la pandemia solo afecta a los ancianos. Gianni Zampino, de 41 años, acudió a los medios de comunicación para decirles que se equivocan. No hice nada para combatir este virus que desafortunadamente entró en mi cuerpo y mientras tanto mató a la persona más querida de mi vida que era mi padre. Todo el mundo dice que este virus es una gripe normal. Puedo decirte que no es una gripe normal. Se mete dentro de ti, se apodera de ti y te agarra los pulmones (Mónica Pinna, 21 de marzo de 2020).

Hospitales desbordados y médicos desprotegidos

Euronews (21 de marzo de 2020) habló con un médico que está en primera línea, luchando contra el coronavirus desde el principio. Pidió permanecer en el anonimato:

Nuestras unidades de cuidados intensivos están desbordadas. Ya no sabemos dónde alojar a los pacientes, pero seguimos creando nuevos lugares en cualquier área posible de nuestro hospital. Hemos cerrado los quirófanos rutinarios, solo dos funcionan para emergencias y los otros han sido utilizados como salas de cuidados intensivos... lo más angustioso es ver a la gente morir lúcidamente en total soledad porque ya no podemos dejar entrar a nadie, y por eso a las últimas personas que ven en sus vidas somos nosotros.

Bérgamo

Bérgamo tiene el mayor número de víctimas, su sección de obituarios en el periódico local se extiende a diez páginas. Los ataúdes están desbordando las instalaciones locales. Hay una lista de espera para los servicios funerarios a pesar de que el crematorio funciona las veinticuatro horas del día. El ejército ha terminado llevando ataúdes a Módena y Bolonia.

"Estamos trabajando las 24 horas del día. Hemos pedido apoyo incluso a las funerarias de otras regiones, han llegado de Emilia Romagna, de Trento, para ayudar", explica el alcalde de Bérgamo, Giorgio Gori (Euronews, 21 de abril de 2020).

Mientras Lombardía está abrumada, los casos aumentan en las regiones cercanas de Piamonte y Véneto. Turín y Venecia están esperando el pico.

A la pregunta de Euronews (22 de abril de 2020): "Cómo se siente al ver el país tal como está", el exprimer ministro de Italia, Mario Monti dijo lo siguiente: "Solo tenía dos años cuando terminó la Segunda Guerra Mundial, y en mi vida he visto algo así. Pero la provisión de alternativas ha sido buena en todas partes. La enseñanza inteligente y a distancia...".

Brigada médica de Cuba

El ministro consejero de la embajada de Cuba en Italia, Jorge Luis Alfonzo, constató los buenos resultados logrados por la brigada cubana en las ciudades de Lombardía y Turín (Fig. 11).

Fig. 11 La brigada médica cubana que labora en Turín (Foto, PL).

Colaboradores cubanos de la salud prosiguen su labor solidaria en las regiones italianas de Lombardía y Piamonte, donde apoyan a los colegas locales en el enfrentamiento a la covid-19.

En declaraciones a Prensa Latina (18 de abril de 2020) desde allí, Alfonzo se mostró gratamente impresionado "...por la manera tan rápida en que han comenzado a trabajar y a cumplir la función fundamental por la que están acá, ayudar al personal italiano y al sistema sanitario italiano".

"Hemos encontrado en ambos lugares brigadas de médicos y enfermeros trabajando codo con codo con el personal italiano, en un proceso de integración, con transmisión de experiencias e intercambio de conocimientos que es realmente hermoso", indicó el diplomático.

Alfonzo destacó como "de alguna manera sencilla se construye una página de cooperación inédita entre médicos cubanos e italianos, enfrentando una situación epidemiológica novedosa y eso nos prepara para otras experiencias futuras de colaboración que pudieran beneficiar también a otros países y pueblos".

Asimismo, el ministro consejero se refirió a las numerosas muestras de agradecimiento por el trabajo realizado por los profesionales cubanos de la salud, no solo de parte de las instituciones, "sino también del pueblo, que tiene tanto valor".

La brigada de Turín labora desde hace seis días en un hospital temporal construido en el otrora complejo industrial Oficina Grandes Reparaciones (OGR), devenido en 2017 un espacio para la realización de eventos y actividades artísticas y culturales en general.

El jefe de ese grupo integrado por 21 médicos, 17 enfermeros y un coordinador para la logística, es el doctor Julio Guerra, quien explicó a Prensa Latina (18 de abril de 2020) que los pacientes atendidos en el hospital donde laboran son todos casos positivos con la covid-19, trasladados desde otras instalaciones sanitarias.

El joven especialista en Medicina General Integral y Nefrología, consideró "absoluta y muy bonita" la sintonía lograda en la interrelación de los miembros del grupo con los italianos, "tanto médicos, como enfermeros y el personal de servicio", siempre en un marco de respeto, apuntó.

"Hay que decir también que nos mantenemos trabajando desde el primer día con salud, toda nuestra gente se encuentra bien y tratando de cumplir la tarea tan difícil y honrosa que nos han encomendado", precisó.

Lo que ha sucedido en Italia ha sido algo sin precedentes, que ha aniquilado definitivamente la esperanza de los promotores de la economía de mercado, marcando un antes y un después en la historia milenaria de este pueblo.

ESPAÑA

La crisis social creada por las políticas neoliberales

La aplicación de políticas neoliberales, como las reformas laborales que tenían como objetivo, en teoría, aumentar la flexibilidad laboral (lo cual consiguieron a costa de un enorme crecimiento de la precariedad, de la inestabilidad laboral y de la desprotección social), y como los recortes del gasto y empleo públicos que han afectado especialmente a las transferencias y servicios públicos del ya muy poco financiado Estado del Bienestar español (a fin de reducir el déficit público con la intención, en teoría, de tranquilizar a los mercados financieros), por parte de los gobiernos liderados en España por Zapatero y Rajoy (Fig. 12) ha tenido un impacto devastador en la calidad de vida y el bienestar de las clases populares de España. Nunca antes en el periodo democrático se había visto tal deterioro.

Fig 12 Zapatero y Rajoy

Desde el inicio de la Gran Recesión causada por la aplicación de tales políticas en 2007 hasta el año pasado, 2017, la tasa de desempleo pasó de un 8,2% a un 17,2% (un crecimiento de 110%). En número de personas, significó pasar de tener 1 846 000 parados a tener 3 917 000 (2 071 000 personas más). Durante el mismo periodo de tiempo 2007-2017, el porcentaje de personas en paro de larga duración pasó de ser un 1,7% (377 000 personas) a 7,7% (1 724 000 personas). El porcentaje de trabajadores que ganó solo una tercera parte del salario medio pasó de ser el 21% a 27% (en el caso de personas solteras sin hijos), y de 13% a 14% en el caso de parejas con un salario y dos hijos. Y el porcentaje de trabajadores que ganaban menos del salario mínimo subió de 8,8% a 12%. Hoy España tiene una de las tasas de riesgo de pobreza más altas en la Unión Europea (UE). (un 22%), que es incluso mayor en el caso de los niños (32%).

El Desmantelamiento del estado del bienestar

Como consecuencia de los recortes, el porcentaje del PIB gastado en la sanidad pública bajó durante el periodo 2009-2015 de 6,8% a 6,5% en España, porcentajes de gasto sanitario público más bajos que en el promedio de la Unión Europea de los Quince (UE-15), el grupo de países de la UE de mayor desarrollo económico, y mucho más bajos que en Suecia (donde subió durante el mismo periodo de 7,3% a 9,2%).), y en España de 5,02% a 4,16%, mucho más bajos que en la UE-15. Y así un largo y penoso descenso por cada uno de los capítulos del estado del bienestar español.

La respuesta del establishment neoliberal

Las políticas iniciadas en la década de los ochenta a los dos lados del Atlántico Norte crearían una enorme crisis y así ocurrió. Tales políticas favorecieron sistemáticamente a las rentas del capital a costa de las rentas del trabajo, estableciendo unas enormes desigualdades que producirían una crisis económica y financiera, que a su vez originaría una gran crisis social y, por último, una gran crisis política que cuestionaría la legitimidad de las instituciones que sustentan la estructura de poder.

Coronavirus: Una tragedia que nunca se olvidara

Un ejército de más de seiscientos mil profesionales de la salud llevan semanas librando una dura guerra contra el coronavirus. Una guerra que deja, según datos oficiales del 1 de abril, más de nueve mil fallecidos y más de cien mil contagiados, aunque las cifras podrían ser significativamente mayores.

Lo cierto es que los hospitales públicos españoles están desbordados de pacientes graves que necesitan ingreso en planta o en las Unidades de Cuidados Intensivos (UCI). El personal sanitario que cuida de estos enfermos se ve en muchos casos obligado a improvisar batas de protección con sábanas quirúrgicas o reutilizar mascarillas desechables.

Los test rápidos que el Gobierno lleva días prometiendo no han empezado a usarse en los centros hospitalarios, que continúan con la técnica lenta.

Los sanitarios luchan contra la pandemia sin camas disponibles en los hospitales ni material sanitario ni medicamentos.

Los Colegios de Médicos de Madrid y de Cataluña estiman que la crisis ocasionada por la pandemia está ligada a los recortes de gastos en la salud. Según los parámetros de la Organización de Cooperación y Desarrollo Económicos (OCDE), España es el cuarto país que más recortes ha realizado en su sistema sanitario desde 2009, cuando comenzaron los tijeretazos: más de siete millones y medio en el gasto en salud desde ese año.

Se trataba de destinar los recursos públicos a impulsar el negocio de la salud privada, que asegura clientela, dinero y todo un mercado por explorar, a costa de la salud de todos, durante años desprestigiaron la gestión de la sanidad pública y aseguraron a la gente que con la privada se ahorraría dinero: "Eficacia y eficiencia de la gestión privada", era el lema.

El modelo de privatización de la salud que en Madrid se impulsó dispuso la venta de los hospitales públicos a multinacionales y fondos de capital, generando cambios que impusieron sus condiciones a la administración sanitaria. Hoy las multinacionales tienen el control de la sanidad madrileña.

La pregunta sería: "¿Por qué si es más costoso, se optó por aumentar el gasto sanitario en favor del modelo de la gestión privada?".

La respuesta es que, tanto esas empresas privadas de sanidad así como los responsables del mismo Gobierno, hicieron negocios. Y hay ejemplos como el del exconsejero de sanidad de Madrid, Juan José Güemes, quien participó en la concesión de un laboratorio de un hospital público a una empresa privada de la que luego fue nombrado con un alto cargo directivo.

Médicos que mueren por falta de cuidados

Denuncia de la hija del médico madrileño Luis Antonio Pérez (Fig. 13), quien falleció víctima del coronavirus, escribe: "papá era un ángel".

Marta Pérez, hija del fallecido y estudiante de Medicina, analiza en una dura misiva los últimos días de su padre.

Fig. 13 Médico madrileño Luis Antonio Pérez muere por coronavirus.

No poder decir adiós se ha convertido en una de las consecuencias más dolorosas del coronavirus. Este domingo, Madrid lamentaba la muerte de Luis Antonio Pérez, médico del Summa 112 y primer sanitario fallecido en Madrid a causa de la covid-19. Su hija Marta le dedicaba unas últimas palabras en una emotiva carta publicada a través de su perfil de Twitter. Son muchos los familiares que, como ella, han tenido que despedirse de sus seres queridos desde la distancia para evitar un posible contagio.

"Os voy a contar mi peor pesadilla". Así comienza la misiva con la que Marta pretende dar "voz" a todos aquellos sanitarios que como su padre luchan a diario contra los efectos de la covid-19 en nuestro país. Testimonios como el suyo ayudan a visibilizar las peores consecuencias del virus que ya se ha cobrado la vida de más de trece mil personas en España.

"Papá quiero ser tu voz para reivindicar todos los errores y admirar y proteger a quienes te cuidaron", publicaba Marta. La batalla, según cuenta, comenzó el pasado 15 de marzo. Su padre, miembro de la Unidad de Atención Domiciliaria del Summa 112, llevaba días "matándose a trabajar" porque "desgraciadamente" en su opinión, "un médico en España no tiene la importancia ni consideración que se merece". Continúo con su labor a pesar de "ser un paciente de riesgo" y conocer el peligro que esto suponía.

"No es un héroe", asegura Marta; "Fue un ser humano noble, leal, bondadoso, listo, protector, cariñoso, agradable, humilde, trabajador...", que solo "quería ayudar".

No fue hasta "8 o 9 días después", cuando supieron que se había contagiado y tuvo que esperar una semana a que le hicieran el test de la covid-19. Su hija se pregunta si un diagnóstico y un tratamiento a tiempo podrían haber salvado la vida de su padre. "¿Si le hubieran hecho la prueba antes y le hubieran puesto tratamiento antibiótico, estaría yo escribiendo esto...?".

Fallece el director médico del Hospital Beata María Ana

Aurelio Capilla ha fallecido esta mañana "tras librar durante las últimas semanas una intensa lucha" (Fig. 14).

Fig. 14. Aurelio Capilla, director-médico del hospital Beata María Ana.

El director-médico del hospital Beata María Ana, Aurelio Capilla, ha fallecido esta mañana (19 de abril) a consecuencia del coronavirus, según ha informado el centro en un comunicado.

Así, el hospital ha mostrado su "dolor y pésame" por la muerte de su director médico "tras librar durante las últimas semanas una intensa lucha para superar la enfermedad provocada por la covid-19".

"Hombre muy apreciado y admirado en su profesión, y también muy querido y respetado entre sus compañeros de Hospital Beata María Ana, con los que compartió el día a día de su actividad, a él se debió también el impulso de numerosas medidas que han redundado en la mejora constante de los servicios asistenciales del centro", ha desgranado el centro.

Finalmente, el hospital ha destacado "su enorme vocación médica, anclada además en unos profundos valores espirituales y humanos que le llevaron a ayudar siempre a quienes lo necesitaban y a dedicarse en cuerpo y alma a su trabajo".

España cierra una de sus semanas más críticas

Madrid (CNN, 4 de abril 2020). Cada quince minutos, más o menos, un coche fúnebre se detiene frente al crematorio del extenso cementerio de La Almudena, en Madrid.

El padre Edduar, un sacerdote católico vestido para la misa, sale del edificio para saludar a los miembros de la familia que han venido a presentar sus respetos finales: por regla nacional, cada grupo está limitado a cinco o menos personas. El conductor abre el maletero para revelar un simple cofre de madera. De pie, detrás del coche fúnebre, debajo de una cochera sombreada, los dolientes mantienen una distancia. Algunos usan máscaras, o incluso guantes. Abrazos y besos son algo poco común.

De principio a fin, las bendiciones y las oraciones duran apenas cinco minutos. El padre Edduar empapa con agua bendita el ataúd sellado antes de que el personal emerja para cargarlo en una camilla y llevárselo. Entonces, todo ha terminado. No hay elegías, no hay visitas, no hay entierro público. Apenas hay tiempo para despedirse.

España ya confirma más casos de coronavirus que China y hay más de doce mil contagios entre el personal sanitario.

Fig. 15 Cementerio de La Almudena en Madrid.

Mientras el coche fúnebre se aleja, otro toma su lugar momentos después. Las breves ceremonias son casi tan constantes como la corriente de calor que se escapa de la chimenea del crematorio, convirtiéndose ocasionalmente en humo oscuro contra el cielo brumoso.

Es una escena extraña, incluso para uno de los cementerios más grandes de Europa occidental, cuyas colinas de interminables lápidas han estado allí durante la hambruna, la Guerra Civil y la gripe española.

Así es como se ve el proceso de duelo público bajo el estado de alarma por la covid-19 en España, que ha mantenido a los españoles confinados en sus hogares, con pocas excepciones, durante tres semanas ya, y se espera que vengan al menos otras tres semanas de confinamiento.

“En sus caras se puede ver el gran dolor”, dice el padre Edduar, con su acento venezolano. Las personas no solo han perdido a un ser querido, sino que tienen que despedirse con muy pocas personas alrededor. Algunas personas transmiten el breve servicio fúnebre a través de sus teléfonos para que familiares y amigos compartan el momento. Aun así, no es la despedida final que alguien desearía.

Con las iglesias cerradas en todo el país, este es uno de los pocos lugares donde la población católica mayoritaria de España puede ver a un sacerdote en persona.

"Trato de estar cerca de ellos. Les digo que estoy con ellos y que no están solos. A veces me molesta. Lloro", dice el padre Edduar. El riesgo de contraer el virus tampoco se pierde en él. No usa máscara ni guantes. "Puede sonar un poco extraño, pero en este momento histórico, considero que es un privilegio... mi vida es para la gente, estar con ellos en este momento crucial".

Un sacerdote y los familiares de una víctima mortal de la covid-19 llevan a cabo una ceremonia fúnebre en el cementerio de La Almudena, en Madrid, España, el 28 de marzo de 2020 (Crédito: AP Photo/Olmo Calvo).

España se ha visto más afectada por la pandemia de coronavirus que casi cualquier otro país en el mundo. Madrid es el epicentro de su brote, representando 40% de las muertes por coronavirus en España. Con las morgues de la ciudad incapaces de manejar el volumen de cuerpos, ahora se están utilizando dos pistas de hielo como morgues temporales. Los cementerios dicen que están enterrando dos o tres veces más cuerpos que de costumbre.

Al otro lado del pequeño estacionamiento, junto a un puesto de flores cerrado, Félix Poveda camina de un lado a otro con un elegante chaquetón negro, corbata oscura y una máscara quirúrgica blanca. Él mismo contrajo el virus en un almuerzo familiar hace unas semanas. Su hermano y su madre también se infectaron: los tres finalmente fueron hospitalizados. Su madre, de 77 años, murió.

Como muchos otros en España, Poveda tuvo que despedirse por teléfono. Él dice que el médico de su madre le explicó que ella no calificaba para un ventilador, un equipo que escaseaba desesperadamente en los hospitales abrumados de Madrid.

"No sé cómo lidiar con esto... No sé cómo sentirme", nos dijo. Él comprende la necesidad de distancia y brevedad para enterrar a los muertos, pero la comprensión no hace que la realidad sea menos dura.

"Estoy solo aquí. Mi hermano y mi hermana no pudieron venir. Mi esposa no vendrá. Nietos y nietas no vendrán. Solo yo. No hay forma de pensar que el final... podría ser [así]".

Poveda planea tener un funeral apropiado para su madre cuando termine la crisis, simplemente no está seguro de cuándo será.

La triste y solitaria despedida a los muertos

Los muertos por coronavirus en España muchas veces se van solos. Sus familiares no los pueden despedir como quisieran debido a las restricciones impuestas por el Gobierno y las funerarias ya que, en la mayoría de los casos, se encuentran en situación de aislamiento extremo por haber estado en contacto con una persona contagiada.

El escenario es de tristeza y caos. Con cerca de seis mil muertos, los hospitales no dan abasto, las funerarias están colapsadas, en Madrid ha sido necesario habilitar dos espacios inmensos a manera de morgues, faltan equipos de protección para médicos, familiares y personal que manipula los restos, el Ejército ya tuvo que intervenir para trasladar los cadáveres... Muchas veces el adiós consiste en recibir en el domicilio las cenizas del fallecido.

Existe un procedimiento técnico para el manejo de cadáveres de casos de la covid-19, establecidos por la Subdirección General de Sanidad Exterior, donde se señala el protocolo de actuación ante la muerte de una persona por coronavirus. Ha sufrido varios cambios, porque la realidad va más rápido de lo previsible. En él se permite el acceso de familiares para despedirse del cuerpo, pero con restricciones, pues se considera que "podrían suponer un riesgo de infección". Esto significa que deben protegerse con batas, mascarillas y guantes y no tener ningún contacto directo.

El procedimiento de Sanidad determina que el cadáver sea introducido dentro de una bolsa sanitaria biodegradable y sellada y que sea transportado en un ataúd...En la realidad, sin embargo, es común que no se lleve a cabo por falta de estos elementos (ante la escasez hay otras prioridades), por el riesgo que implica entrar a una sala donde hay contagiados y porque, simplemente, los parientes están aislados.

El procedimiento de Sanidad determina que el cadáver sea introducido dentro de una bolsa sanitaria biodegradable y sellada y que sea transportado en un ataúd, que no se puede abrir bajo ninguna circunstancia. Ante la imposibilidad de las funerarias de recibirlos, en Madrid los están trasladando al Palacio del Hielo, un centro comercial convertido en morgue, y se está habilitando otra instalación en la Ciudad de la Justicia.

Los familiares, por su lado, deben enfrentarse a organizar el entierro o la incineración. Es común que lo hagan por teléfono, dado el confinamiento. Algunas funerarias ofrecen el servicio sin presencia de los allegados, en caso de que no puedan ir.

Según la región, se permiten o no los entierros. Pero, eso sí: siempre con restricciones. La asistencia, tanto a las sepulturas como a las incineraciones, en el exterior, están limitadas (el número depende del sitio, pero están entre cinco y diez personas) y los allegados deben mantener distancia de seguridad entre ellos de hasta dos metros, además de llevar mascarillas y guantes. También hay límites de tiempo y en algunos sitios, como en Barcelona, una valla separa a los sepultureros de los familiares compungidos.

No son medidas caprichosas. Dos funerales, uno en Vitoria y otro en León, aceleraron los contagios cuando empezaba la crisis en España. En el primero se infectaron sesenta personas y el otro obligó a aislar el pueblo, cuando los cerramientos no estaban en el panorama.

Nuevas formas de despedirse

La idea general que permite a los familiares consolarse ante la imposibilidad de despedir a sus seres queridos como quisieran es pensar en que más adelante lo harán. Que cuando pase esta crisis le rendirán un homenaje y le dirán adiós, como se merecen. Por eso Memora, el grupo funerario más grande de España, ofrece la posibilidad de realizar entierros o incineraciones ahora y llevar a cabo velatorios y otras ceremonias cuando haya pasado el estado de alarma.

Mientras tanto, han surgido otras iniciativas. La misma Memora proporciona la posibilidad de emitir el funeral por video directo (streaming) con contraseñas, para que los allegados se despidan del ser querido por computador, tableta o celular.

Los hospitales y centros psicológicos ofrecen centros de escucha, a los que pueden llamar personas que necesitan ayuda en los duelos y son atendidas por profesionales. Entre grupos de creyentes religiosos se alimenta, por otra parte, la iniciativa de enviar oraciones por WhatsApp para los familiares que han perdido un pariente.

También WhatsApp es la herramienta escogida por muchas personas que han optado por crear grupos de gente cercana al fallecido y compartir fotos, recuerdos y canciones que le gustaban.

Son las formas que encuentra la gente para sentirse cerca. La nueva manera de dar el pésame. El abrazo virtual. Las despedidas a los muertos en época del coronavirus.

Andorra defiende ayuda de médicos cubanos

Ante la imposibilidad de recibir asistencia de sanitarios provenientes de España y Francia, Andorra optó por la ayuda de los servicios de Cuba.

Fig. 16 Los profesionales sanitarios de Cuba fueron recibidos en Andorra (Foto: PL, 31 de marzo 2020).

La ministra de Asuntos Exteriores de Andorra, María Ubach, defendió este martes la soberanía de ese Principado europeo, afectado por la covid-19, frente a las presiones de los Estados Unidos para impedir la colaboración médica de Cuba.

La llegada de 39 profesionales sanitarios procedentes de la isla caribeña puso en alerta a la diplomacia andorrana, tras las advertencias de Donald Trump, quien pretendía impedir la presencia de especialistas de salud cubanos en naciones urgidas de ese aporte.

Soy conocedora de la posición de los Estados Unidos, pero nosotros somos un país soberano y podemos escoger los socios con los que tener una colaboración, declaró Ubach al diario de Andorra (Portal de noticias Cubadebate).

De acuerdo con la fuente, la titular de Relaciones Exteriores explicó que ante la imposibilidad de recibir asistencia de sanitarios provenientes de España y Francia, por la crítica situación que viven esos países, se decantó por la ayuda de los servicios de Cuba, cuyos especialistas cuentan con una larga tradición de servicios médicos en el extranjero.

En tan solo una semana, Andorra pasó a convertirse en el segundo Estado de Europa, luego de Italia, en recibir la cooperación sanitaria de Cuba, puesta en duda por Estados Unidos, apunta el diario.

La voluntad de ese Principado es que los 12 doctores, 26 enfermeros y un técnico logístico cubanos comiencen a trabajar en el hospital Nuestra Señora de Meritxell a finales de la semana, tras una rápida formación sobre el sistema sanitario andorrano y el chequeo sanitario de rigor.

Suman 593 los profesionales de la salud de la Isla, que organizados en unas 14 brigadas participan en los esfuerzos para detener la pandemia en 12 naciones, pese a la campaña de desprestigio de Estados Unidos para que se desestime la cooperación de profesionales sanitarios cubanos.

Son tristes y conmovedores los mensajes y testimonios relacionados con el personal médico en España.

La hija del primer médico fallecido acusa públicamente al Gobierno por el mal manejo de la pandemia, no solo por la reacción tardía, sino por la incontrolable crisis sanitaria y la deshumanización en el trato dado a su padre característico del sistema neoliberal.

Eterno agradecimiento del grupo que trabaja en este libro a todo el personal de salud y servicio funerario y otros servicios de España por la heroica batalla que han estado librando.

En un futuro no muy lejano cuando todo esto haya pasado, los recuerdos de esta pandemia habrán marcado en las mentes de ricos y pobres la necesidad de poner por delante de todo, el amor y la solidaridad.

FRANCIA

En Francia, el coronavirus comienza a dividir al partido político en el poder

La unidad política en torno al presidente francés, Emmanuel Macron, muestra nuevos signos de fisura con la gestión de la crisis del coronavirus, y varios diputados de su partido, La República en Marcha (LREM), se disponen a abandonarlo, con el riesgo de acabar con la mayoría parlamentaria.

La prensa gala se hace eco de la voluntad de al menos una decena de diputados del partido macronista muchos de ellos cercanos al insurrecto exministro de Ecología Nicolás Hulot de abandonar el barco para integrar un nuevo grupo en la Asamblea Nacional con parlamentarios de otras formaciones de izquierda.

Francia: del neoliberalismo al autoritarismo

Al cumplirse una semana de protestas en contra de la reforma al sistema de pensiones, los sindicatos franceses llamaron a aumentar la movilización y advirtieron al gobierno del presidente Emmanuel Macron que no habrá una tregua navideña en la huelga de transportes, a menos que se retire la polémica propuesta presentada por el primer ministro, Edouard Philippe, con la finalidad de simplificar el sistema a expensas de la edad de retiro. En los ocho días de huelga, el transporte público se ha paralizado en París y en varias de las ciudades más importantes, se han presentado cancelaciones o retrasos en vuelos, cerraron escuelas de educación básica y media, además de que siete de las ocho refinerías de la nación detuvieron su producción en medio de jornadas de paro a las que también se sumaron policías, recolectores de basura, abogados, jubilados e integrantes del movimiento de los chalecos amarillos EFe, París, 9 de mayo del 2020.

Esta nueva oleada de indignación popular en contra del programa neoliberal del mandatario (que actualizan la iniciada en octubre del año pasado ante el intento de aplicar un gasolinazo enmascarado de ambientalismo) ha exacerbado los ánimos sociales en dos sentidos: primero, por la crispación que produce entre los franceses cualquier ataque a un esquema de pensiones considerado elemento esencial del pacto social y, segundo, por las severas afectaciones a la vida cotidiana que, en lo inmediato, genera la resistencia organizada al embate gubernamental; en estos días los ciudadanos han debido encarar desde embotellamientos y caos vial por la ausencia de transporte público hasta cortes en el servicio eléctrico por la adhesión del sector a las protestas.

De manera paralela a este pulso entre los trabajadores y el gobierno proempresarial, culminó el proceso judicial en contra de Jean-Luc Mélenchon, presidente del partido La Francia Insumisa. El líder de izquierda recibió una condena de tres meses de prisión (exentos de cumplimiento) y ocho mil euros de multa por haber encarado a los integrantes de la fuerza pública que allanaron oficinas de su partido en el contexto de una investigación por financiamiento irregular en octubre de 2018. Como señaló el propio Mélenchon, el culebrón judicial que se armó en su contra no puede entenderse por separado de las tres mil condenas que el aparato jurídico francés ha dictado a chalecos amarillos a lo largo de un año, en lo que constituye un claro designio intimidatorio en contra de las expresiones de oposición política y social. Se trata de una señal alarmante, pues la judicialización de un dirigente partidista que simpatiza de manera abierta con las protestas en curso da a la crisis un inocultable giro represivo, absolutamente contrario a la democracia y a las libertades de las que tanto se precia el Estado francés.

El pueblo francés y las medidas neoliberales de Macron

La medida neoliberal de Gobierno galo para reformar el complejo sistema de pensiones ha provocado un descontento generalizado en Francia, dice un analista.

El analista de temas internacionales Rolando Dromundo, en una entrevista concedida a HispanTV, ha subrayado que la mayoría de los franceses no está de acuerdo con la reforma de pensiones, que ha planteado el Gobierno neoliberal de Emmanuel Macron (Fig. 17).

Dromundo ha enfatizado que esta no es la primera vez que el Gobierno galo intenta hacer cambios en el sistema de pensiones, y ha recordado que, en 1995, el entonces primer ministro, Alain Juppé, trató en vano de realizar reformas en la jubilación, lo que provocó protestas y huelgas.

Destaca asimismo la determinación de los sindicatos y otros colectivos sociales en mantener su protesta con la seguridad de frenar la reforma como en 1995, pero "el problema es que Gobierno no ha mostrado ninguna voluntad de buscar un diálogo o una opción" que no afecte tanto a la población.

Fig. 17 Enmanuel Macron, presidente de Francia.

Macron anuncia detalles de su polémico plan de pensiones.

En el séptimo día de la huelga general de transportistas en toda Francia, el Gobierno galo ha dado a conocer los detalles de su polémico plan universal de pensiones.

Para Dromundo, la insistencia de Macron en usar políticas neoliberales, que han sido un fracaso en todo el mundo, lo único que va a conseguir es **"desgastar"** la imagen del presidente galo, que ha venido deteriorándose en el último año.

"Utilizar fórmulas que no funcionan e insistir en ellas es una medida absurda por parte del Gobierno, que no está buscando un enfoque diferente que influya en la opinión de los sindicatos o la opinión de la mayoría de las personas que están protestando".

Francia es escenario de manifestaciones y huelgas generales que comenzaron debido a la filtración de los ejes principales de la reforma pensional.

Además, continúan las manifestaciones del movimiento de los "chalecos amarillos", que empezó en noviembre de 2018 en protesta contra la subida de los precios y el costo de la vida, sin embargo, ha continuado movilizándose en pro de la justicia económica.

De nuevo cientos de miles de franceses han salido a las calles de todas las ciudades del país para decir no a la reforma de las pensiones que presentará el Gobierno de

Macron. En París, la capital francesa, una marea humana, movida por un interés común, ha desafiado al Gobierno.

Queriendo simplificar el sistema de pensiones francés, reduciendo a un solo régimen general, los 42 existentes, el Gobierno ha soliviantado los ánimos de todo el país. Las previsiones indican que el nuevo sistema reducirá las pensiones de los futuros jubilados entre 30% y 50%, saldrán perjudicados las clases populares, aquellas que no han podido cotizar 42 años y los que menos han cobrado.

Desde la Confederación General del Trabajo (CGT), el principal sindicato opuesto a esta reforma, se afirma que el sistema de pensiones se puede mejorar y avanzan soluciones. Denuncian que el Gobierno hace oídos sordos y que el proyecto se enmarca en uno más amplios que busca instalar una política liberal en la que deja el bienestar de los ciudadanos en manos de la economía de mercado.

Emmanuel Macron se enfrenta a un dilema, continuar con la reforma de las pensiones que cree necesaria o ceder a la presión de la calle que la rechaza. En cualquier caso, una cosa es segura, y es que el gobierno no saldrá indemne de este pulso (Fig. 18).

Fig.18 Se manifiestan en Francia contra reforma de pensiones de Macron (HispanTV).

Los sindicatos franceses denuncian que Macron ha decidido renunciar a "uno de los mejores sistemas de pensiones del mundo" por una cuestión de ideología. Lo cierto es que al ejecutivo no le cuadran las cuentas debido al elevado déficit de este sistema, que asciende a 17 000 millones de euros. El mecanismo galo es, de hecho, uno de los más generosos de Europa, lo que explica, por ejemplo, que el nivel de pobreza en los ancianos sea de los más bajos.

Los franceses vuelven a salir a las calles para denunciar el proyecto de reforma de las pensiones que quiere imponer el Gobierno de Emmanuel Macron.

Según la Organización para la Cooperación y el Desarrollo Económicos (OCDE), Francia es uno de los países que destina más del Producto Interno Bruto (PIB) a las pensiones, en torno a 15%. En 2018 el sistema de pensiones tuvo un déficit de 0,1%, 2900 millones. El Consejo de Orientación de Pensiones ha revelado que habrá un déficit de 10 000 millones de euros en 2022. El equilibrio no se alcanzaría hasta el año 2042, pero el Gobierno quiere que el déficit sea cero en el año 2025.

Manifestaciones en las ciudades de Francia

Protestas de los chalecos amarillos en las principales ciudades de Francia dejan un saldo de 130 detenidos (Fig. 19).

Fig. 19 Protestas en las calles de los chalecos amarillos.

La represión de las protestas en Francia contra las subidas de impuestos del presidente Emmanuel Macron ha cobrado un saldo de 130 detenidos y 24 heridos.

Miles de manifestantes del movimiento de los "chalecos amarillos", que inició en noviembre de 2018, comenzaron sus protestas contra la subida de los precios y el costo de la vida, sin embargo, han continuado movilizándose en el país en pro de la justicia económica.El movimiento no ha hecho sino crecer hasta convertirse en una marea de protestas contra las políticas de Macron.

Según fuentes oficiales, como consecuencia de la violencia de las fuerzas de seguridad, al menos 11 personas han muerto y más de 2400 personas han resultado heridas. Ya son 57 semanas consecutivas las que los llamados chalecos amarillos se manifiestan en las calles de las principales ciudades francesas.

La cólera social que vive Francia, reavivada por la reforma de las pensiones que quiere imponer el Gobierno, es el resultado de años de políticas antisociales que han dejado al borde de la cuneta a millones de franceses.

Franceses que han encontrado en los chalecos amarillos sus mejores representantes (EFE, París, 9 de mayo 2020).

En medio de la crisis creada por el movimiento de los chalecos amarillos se ha sumado una demoledora pandemia que ha colocado al gobierno neoliberal en una situación sin salida.

Francia y el coronavirus

Francia rinde homenaje al primer médico muerto por la covid-19.

Jean-Jacques Razafindranazy renunció a jubilarse para ayudar a sus compañeros de hospital.

Ante dramas colectivos como la pandemia de coronavirus, las sociedades necesitan identificar a héroes que den ejemplo e infundan moral para vencer el desafío. Por eso Francia ha rendido homenaje al doctor Jean-Jacques Razafindranazy, el primer médico en servicio que ha muerto por contraer la covid-19.

Fig. 20 El doctor Jean-Jacques Razafindranazy, primer médico fallecido en Francia por el coronavirus (Facebook).

El facultativo fallecido, que iba a cumplir 68 años, estaba ya en edad de jubilación, pero decidió seguir trabajando en el departamento de urgencias de su hospital, en la localidad de Compiègne, al noreste de París, para aliviar a sus compañeros y echarles una mano ante la actual emergencia sanitaria. Según contó su hijo, Razafindranazy había regresado hacía poco de unas vacaciones en Madagascar y se hallaba en plena forma. Sin embargo, el coronavirus no le perdonó. Al parecer, a finales de febrero regresó muy fatigado de una de las guardias. Pese a ello, siguió trabajando y poco después cayó enfermo. El médico falleció en un hospital de Lille.

El alcalde de Compiègne, Philippe Marini, reconoció ante la cadena BFM-TV el sacrificio hecho por el doctor Razafindranazy. "Dio la vida por los otros", destacó, y recordó que tenía todo el derecho a jubilarse, pero renunció a hacerlo. La ciudad ha guardado este lunes un minuto de silencio en señal de duelo y de agradecimiento.

Cada día, a las ocho de la noche, en Francia, como en otros países, la gente se asoma a la ventana o sale al balcón para aplaudir o hacer sonar cacerolas como muestra de gratitud al personal sanitario por su impagable labor. Una de las críticas más fuertes que recibe el Gobierno francés en esta crisis es su falta de previsión y las insuficientes reservas de mascarillas. A toda prisa se han tenido que comprar o fabricar para colmar las necesidades de médicos y profesionales de enfermería.

La pandemia se ha producido después de un largo periodo de protestas en el sector sanitario francés, especialmente en los servicios de urgencias, que llevan años denunciando la falta de recursos y las malas condiciones de trabajo (Facebook, 23 de marzo 2020).

Casos como estos públicos y anónimos se repiten día a día en todo francés que solidariamente expone su vida ante este virus mortal invisible vaya a ellos nuestra más infinita solidaridad y una ola de amor y de justicia. A todos los que han fallecidos y fallecen nuestra admiración y que descansen en paz.

Funerales en la estricta intimidad, una dolorosa consecuencia del confinamiento Twitter

El confinamiento general en varios países europeos afecta también a los funerales que se celebran en la más estricta intimidad, una condición que puede dejar secuelas a los allegados que no pueden acudir para despedirse, según los psicólogos.

"Lo que voy a decir es terrible (...) Debemos limitar al máximo los desplazamientos e incluso en estas circunstancias, no podemos transgredir la regla", dijo el primer ministro francés, Edouard Philippe, interrogado en la televisión respecto a una telespectadora que deseaba asistir al entierro de un amigo.

Las autoridades precisaron que en su estrategia para combatir el coronavirus, solo se autorizaba la presencia de 20 personas acompañando al difunto en cementerios y crematorios.

Este número máximo autorizado, así como las restricciones de desplazamientos, pueden impedir a los nietos despedirse de una abuela, por ejemplo. "A nuestro pesar, mi hermana y yo renunciamos a ir a las exequias", explica Emmanuelle Caradec, residente en París, cuya abuela falleció en una residencia de ancianos en Nantes (oeste).

Por otra parte, la Conferencia Episcopal de Francia indicó que tampoco habría misas, sino una simple "celebración".

Las bendiciones pueden celebrarse también en el cementerio o el crematorio.

Pero no hay libro de condolencias por motivos sanitarios y los participantes no pueden consolarse abrazándose.

También el Consejo Francés del Culto Musulmán decidió suspender el aseo habitual a los difuntos.

Para atenuar la tristeza, algunas empresas como el grupo francés de pompas fúnebres Advitam propone ofrecer "gratuitamente un servicio de transmisión en video de las ceremonias de exequias de todas las familias".

Francia acepta el envío de médicos cubanos a sus departamentos de ultramar

El Gobierno francés acaba de aceptar por decreto el envío de médicos cubanos a sus departamentos de ultramar. Es un refuerzo bienvenido para los médicos del Caribe para luchar contra el nuevo coronavirus, mientras que para Cuba, esta crisis es una oportunidad adicional para promover su medicina internacionalista.

El Gobierno francés finalmente aceptó, en medio de la crisis de la covid-19, recibir a médicos cubanos en su suelo. Precisamente, en Martinica, Guadalupe, Guyana y San Pedro y Miquelón, informa la corresponsal de RFI Domitille Piron.

La senadora de Martinica, Catherine Conconne, está encantada de que su enmienda haya sido aprobada por decreto. "Es principalmente para fortalecer nuestros hospitales universitarios. Carecemos de ciertas especialidades médicas y tenemos dificultades para traer a médicos de Europa. Esta enmienda nos permite aprovechar los recursos fraternales cubanos que tenemos a nuestro lado. Así que, para mí, esto es una victoria, una gran alegría. Que este decreto llegue en plena crisis de coronavirus es muy bueno", se alegra Conconne.

Al Gobierno francés se le ha unido a la crisis de noviembre de 2018 con los manifestantes del movimiento de los "chalecos amarillos", con la nefasta pandemia que está cobrando miles de vida en un país que la crisis sanitaria a sobrepasado, los cálculos de los que todavía abogan por las medidas neoliberales demostrando el derrumbamiento total de este sistema y la necesidad imperiosa de un mundo mejor.

ReinoUnido

Reino Unido no ha podido escapar de la pandemia y se ha situado en el segundo país con más muertes después de Estados Unidos

La estrategia británica apostó, en un principio, por una toma de medidas progresivas frente a opciones más drásticas adoptadas por otros países europeos, como Italia y España, donde la situación se agravó mucho antes. Sin embargo, el coronavirus se expandió con rapidez.

Pese a contar con ese "espejo", el Gobierno de Johnson eligió, en un principio, ir por el camino de las sugerencias, seguir las recomendaciones de higiene y evitar un cierre prematuro con miras a mitigar el impacto económico.

Una posición que se vio reflejada, fue el 12 de marzo de 2020, momento en que el Reino Unido comenzaba a ver un alza en la curva de contagios y los casos alcanzaban los 590. En ese entonces, Johnson admitió que el virus se iba a propagar aún más y que muchas más familias van a perder seres queridos antes de tiempo.

En aquel momento, a pesar de la situación, no se dispuso la cancelación de eventos o la suspensión de clases en el país, entre otras posibles medidas drásticas de contención, solo se protegió a las personas de riesgo.

El Gobierno británico se aferró inicialmente a la teoría de la "inmunidad colectiva", una apuesta defendida en un primer momento por Patrick Vallance, asesor científico de la administración Johnson, que señalaba que 60% de la población británica debería contagiarse para lograr la inmunidad de la sociedad y controlar el brote a largo plazo. Una teoría arriesgada y discutida en la comunidad científica.

Johnson y su secretario de salud, Matt Hancock, quien también contrajo el virus, son apenas dos ejemplos del rápido avance de la covid-19 y una demostración de que el virus no discrimina, todos estamos en riesgo.

La tasa de contagios, según el análisis científico se duplica cada tres o cuatro días.

El Gobierno británico frente a esta situación y en medio de los reclamos del personal médico por la desprotección a la que están sometidos por el deficiente sistema de salud, determinó que los exámenes de la covid-19, para los trabajadores de la "primera línea" de batalla contra el virus, se incrementarán.

El Reino Unido se mantiene como uno de los países de Europa más castigado por la pandemia.

El Gobierno del Reino Unido ha informado que se mantendrá el confinamiento en el país, si bien el primer ministro británico, Boris Johnson, dará a conocer el 22 de marzo el plan para relajar algunas de las medidas.

El Reino Unido ha registrado nuevas muertes por la covid-19, lo que eleva el número de fallecidos en hospitales y residencias y lo mantiene como el más castigado de Europa por la pandemia.

El ministro británico de Exteriores, Dominic Raab, ha afirmado que el país está listo para pasar a la siguiente fase del confinamiento, que puede implicar el fin de algunas restricciones, al disminuir entre 0,5 y 0,9 la tasa de infección, esto es, el número de personas a las que se puede contagiar cuando se contrae el virus.

Raab ha agregado que el número de nuevos contagios (hay más de 200 000 casos confirmados) y muertes diarias también "ha disminuido constantemente", pero ha destacado que el virus "aún no ha sido vencido, sigue siendo mortal e infeccioso", por lo que insta a la población a seguir cumpliendo las medidas de confinamiento.

En cualquier caso, el titular de Exteriores ha precisado que cualquier cambio se basará en los datos y será "modesto, pequeño, progresivo y muy cuidadosamente supervisado", ya que de producirse un repunte de los contagios existe la opción de reforzar de nuevo las restricciones.

El Gobierno británico ha realizado 86 583 test, por debajo de los 100 000 diarios, que tenía previstos.

Boris Johnson, su relación con la covid-19

El primer ministro británico, Boris Johnson, brinda conferencia de prensa sobre la situación de la covid-19 en Reino Unido, en Londres (Fig. 21) (19 de marzo de 2020, © Leon Neal / Pool vía Reuters).

Fig. 21 El primer ministro británico, Boris Johnson.

Boris Johnson confirmó que contrajo la enfermedad, pero continuará liderando el combate del Reino Unido frente al avance del coronavirus. Al inicio de la crisis, Johnson evitó las medidas drásticas de sus pares europeos, pero su estrategia se endureció al ver cómo el virus podía golpear a su país.

La Covid-19 parece no perdonar rangos ni títulos de poder. En Reino Unido, su avance se hizo más patente en las últimas 72 horas y alcanzó las altas esferas. Primero, el miércoles, el príncipe Carlos confirmó que se había contagiado de la enfermedad. Y este viernes fue el turno del primer ministro Boris Johnson.

El mandatario británico forma parte de los más de 14 000 infectados en su país, que vio un fuerte incremento de 31% en los fallecimientos, los cuales pasaron de 578 a 759 en 24 horas.

Johnson difundió un video a través de su cuenta de Twitter en el que comunicó a los británicos sobre su estado de salud. Señaló que en las últimas 24 horas había desarrollado "síntomas leves" y dio "positivo" en el examen por coronavirus.

El mandatario indicó que está "autoaislado", pero aun así continuará "liderando la respuesta del gobierno a través de una videoconferencia mientras luchamos contra el virus". "Juntos venceremos esto", cerró su texto en Twitter, acompañado por la etiqueta #StayHomeSaveLives (Quedarse en casa salva vidas).

Johnson encabeza ahora una estrategia dura de su Gobierno para contener el brote. Pero la postura del primer ministro no fue tan firme al comienzo de la crisis y la demora en la toma de decisiones le valió críticas de diversos sectores.

El 28 de febrero, cuando se confirmó la primera muerte de un ciudadano británico con coronavirus (que se encontraba en el crucero Diamond Princess, en Japón), Johnson aseguró que ralentizar el contagio de coronavirus en Reino Unido se había convertido en la prioridad número uno de su Gobierno, casi un mes después de que se confirmara el primer caso en el país y la cantidad de contagios era de 20.

El 3 de marzo, al presentar su plan para combatir el coronavirus, Johnson indicó que "para la abrumadora mayoría de las personas que contraigan el virus, esta enfermedad será leve, de la que se recuperarán rápida y completamente". En aquella conferencia de prensa, el primer ministro también señaló que no dejaría de estrechar manos a causa del coronavirus y admitió que había saludado a varias personas de esa manera durante una visita a un hospital en la que "creo que había algunos pacientes con coronavirus".

Para mediados de marzo, Johnson comenzó poco a poco a dejar atrás su estrategia que no contaba con un respaldo unánime de su Gobierno, entre ellos, del secretario de Salud, Matt Hancock, quien se desmarcó de la apuesta a la "inmunidad colectiva", acechado por las críticas y por la propagación del virus en Reino Unido.

Lo primero fue el cambio de discurso. Johnson comenzó a utilizar una retórica de "guerra" para hacer frente a la covid-19. Y las primeras respuestas concretas fueron destinadas al sector que más preocupaba al primer ministro: la economía, con medidas como un apoyo con crédito para empresas, negocios y familias.

Pero las decisiones más firmes llegaron cuando Johnson dispuso el cierre de bares, restaurantes, teatros, clubes nocturnos, cines, gimnasios y centros de estética, además de las escuelas. Y recomendó a pacientes vulnerables quedarse en casa, así como mantener distancia entre las personas en espacios públicos. Sin embargo, y tras resistir las presiones durante varios días, Johnson se vio obligado a ordenar la cuarentena, luego de que las proyecciones mostraran que el sistema de salud corría riesgo de verse colapsado ante el avance del coronavirus.

Así, desde la noche del lunes 23 de marzo, el Gobierno dispuso el cierre de todos los comercios no esenciales y la limitación de la circulación a actividades necesarias como la compra de alimentos, urgencias médicas, hacer deporte, brindar asistencia o ir a trabajar, en los casos en los que no era posible el teletrabajo. Eso vino acompañado de la prohibición de las reuniones y visitas y la entrega de la potestad a las fuerzas de seguridad para que impongan multas o castigos más severos a quienes incumplan el aislamiento.

Boris Johnson relató cómo era padecer el coronavirus (Fig. 22).

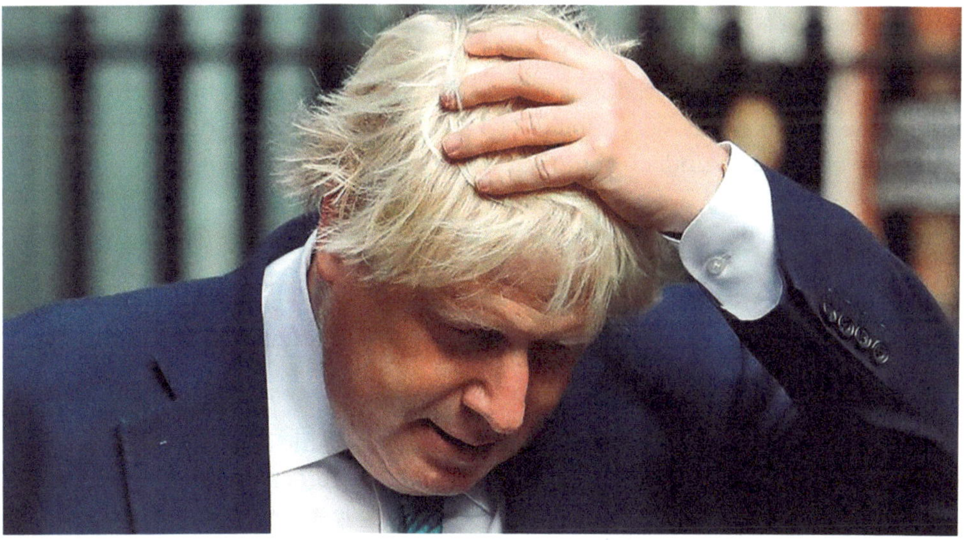

Fig. 22 El primer ministro británico, Boris Johnson, diagnosticado con la covid-19.

El primer ministro Boris Johnson, fue diagnosticado el 27 de marzo, y tres días en la unidad de cuidados intensivo (4 de mayo de 2020).

El primer ministro del Reino Unido, Boris Johnson, de 55 años, relató en entrevista con The Sun on Sunday cómo fue su experiencia tras padecer la enfermedad covid-19.

"Fue un momento difícil, no lo voy a negar", explicó. Los médicos "tenían una estrategia para lidiar con un escenario del tipo 'muerte de Stalin".

"No estaba en un estado particularmente brillante y sabía que había planes de contingencia en marcha. Los médicos tenían todo tipo de preparativos sobre qué hacer si las cosas salían mal", agregó.

Boris Johnson anunció a finales de marzo que había contraído la enfermedad, diciendo que solo tenía síntomas leves. El 5 de abril fue transportado al hospital para someterse a pruebas como precaución, pero en 24 horas fue trasladado a la UCI.

Johnson admite que se instaló en la "denegación" sobre la gravedad de su estado. "Echando la vista atrás, (los médicos) tenían razón al obligarme a ir al hospital", reconoció. Y se dio cuenta de la situación cuando los médicos consideraron intubarlo y colocarle un respirador artificial.

El líder del Partido Conservador pasó tres días en los que se le suministró oxígeno. Cuando le dieron el alta del hospital, el 12 de abril, dijo que el desenlace "podría haber ido tanto hacia un lado como hacia el otro".

"Echando la vista atrás, (los médicos) tenían razón al obligarme" a ir al hospital.

Contó al periódico que nunca pensó que fuese a morir, pero se sintió frustrado porque no mejoraba. Johnson califica, emocionado, su curación de "algo extraordinario".

El primer ministro se reincorporó al trabajo el pasado lunes (27 de abril), dos días antes de que su prometida diera a luz a su hijo, cuyo tercer nombre el niño se llama Wilfred Lawrie Nicholas Johnson- rinde homenaje a dos de los médicos que lo atendieron, Nick Price y Nick Hart.

Antes de presentar esta semana su plan de desconfinamiento para Reino Unido, Boris Johnson se declaró el domingo determinado a combatir el nuevo coronavirus tras haber padecido él mismo la enfermedad, un momento "muy duro" en el que sus médicos contemplaron incluso la posibilidad de su muerte para lo cual él diseñó un plan sobre su muerte.

Con un total de 28 131 muertos registrados hasta este sábado, Reino Unido es el segundo país con más fallecidos por la epidemia en Europa, por detrás de Italia.

Johnson prepara un plan para relajar las medidas de confinamiento en el Reino Unido

El primer ministro tiene previsto anunciar esta semana una "hoja de ruta" para aligerar las restricciones en vigor desde el 23 de marzo, y prolongadas hasta el 7 de mayo. La población solo puede ahora salir para hacer compras, ir al médico o hacer ejercicio una vez por día.

Pero las autoridades temen que una flexibilización del confinamiento acarree un rebrote de la enfermedad. Una de las pistas estudiadas es colocar en cuarentena a los viajeros procedentes del extranjero.

"Es importante que garanticemos que los sacrificios que hemos pedido a los británicos, como la distancia social, sean realizados también por quienes llegan a este país" dijo el ministro de Transportes, Grant Shapps, a la BBC. "Estoy analizando activamente este asunto para que cuando los indices de infección estén bajo control en el país no importemos" la enfermedad del exterior, agregó.

Ante el futuro desconfinamiento, el gobierno ha previsto contratar a 18000 personas hasta mediados de mayo para consolidar su estrategia de efectuar tests y seguimientos de personas infectadas, mediante una aplicación de contactos desarrollada por los servicios de salud británicos.

Según un sondeo Opinium realizado el domingo para el diario The Observer, 67% de los británicos consideran de momento prematuro reabrir escuelas, restaurantes y estadios.

Cuba permitió el atraque del MS Braemar

Pasajera del MS Braemar: «Gracias a Cuba por habernos abierto el corazón»
De acuerdo con Telesur, entre los viajeros del MS Braemar se encuentran ciudadanos de Australia, Bélgica, Colombia, Canadá, Irlanda, Italia, Japón, Países

Bajos, Nueva Zelanda, Noruega y Suecia, Autor: Yisell Rodríguez Milán | yisell@Granma.cu, 16 de marzo de 2020 20:03:41.

Fig. 23 Tomada de Facebook de la revista Alma Máter

De pronto todos los que conozco en Facebook comenzaron a etiquetar un nombre en inglés. Si los buenos sentimientos tuvieran la capacidad de virilizarse con la rapidez con que lo logra todo lo morboso en Internet, de seguro ese nombre habría estremecido los algoritmos de Facebook.

Luego, ante la avalancha de mensajes alentadores que recibió, puso: «Sinceramente, estoy inundada de lágrimas por su amabilidad. Nos han hecho sentir no solo tolerado, sino también bienvenidos. Gracias a Cuba por habernos abierto el corazón, nunca olvidaremos que nos respondió cuando absolutamente nadie, y quiero decir que NADIE MÁS lo haría. Mañana daré una conferencia en el barco sobre la Revolución, un movimiento que es en sí mismo una lección objetiva para superar la adversidad. En tu honor gracias, gracias, gracias».

Al menos cinco personas a bordo han sido confirmadas con la covid-19, pero se mantienen aislados en el barco a 21 trabajadores y 22 pasajeros por presentar síntomas similares a la gripe.

Pero Cuba, uno de los pocos países del mundo capaz de dar el paso al frente por la humanidad en los momentos más difíciles —lucha contra el Ébola en África y asistencia ante desastres naturales en cualquier parte del mundo—, emitió un comunicado oficial que devolvió la paz a los 682 pasajeros y 381 tripulantes, y sus familias, y amigos, y conocidos, y a su Gobierno, y a toda persona de alma buena en el mundo que pueda ser capaz de imaginar la incertidumbre de las miles de personas que se han sentido abandonados en medio del océano, sin posibilidades reales de rescate, en pleno siglo XXI.

Cuba permitió el atraque del MS Braemar. El Gobierno Revolucionario aseguró que adopta todas las medidas establecidas por la OMS y el Minsap para, de conjunto con las autoridades británicas, garantizar el retorno seguro e inmediato de estos viajeros al Reino Unido.

En el Reino Unido hemos querido resaltar los sucesos alrededor del primer ministro británico Boris Johnson por ser una de las figuras más importantes de los políticos de hoy día y que sintió la pandemia tan de cerca que planificó cómo enfrentaría el Reino Unido su posible muerte y que al estar en cuidados intensivos recibió cuidados de emigrantes que le mostraron amor y solidaridad y que después de esto mostró compasión y reciprocidad hacia esta categoría de ciudadano, los ricos deben de ser menos ricos y los pobres poder vivir más honorablemente en una sociedad más justa, armónica y llena de amor y solidaridad.

Queremos terminar con las palabras que escribió Anthea en su muro de Facebook al conocer el gesto de Cuba en la atención al crucero Braemar del Reino Unido.

"¿Podrían todos mis amigos levantar una copa por Cuba y recordar que cuando nadie más nos dejaría desembarcar, Cuba dio un paso al frente? Volando a casa desde Cuba el miércoles o el jueves. Amor a todos los que han estado siguiendo nuestra gran aventura".

Estados Unidos

El coronavirus comienza a hacer grandes estragos

La aplicación, a partir de 1980, de las políticas económicas neoliberales que buscaron, fundamentalmente, el desmantelamiento del estado de bienestar, condujo al incremento en los niveles de concentración del ingreso y al aumento de la pobreza, no solo en los países subdesarrollados, sino también en los industrializados. Existen suficiente evidencia estadística de este fenómeno en los Estados Unidos, y en particular de la manera en que este afecta a los grupos más marginados de la sociedad capitalista moderna. Asimismo, se constata que en las décadas anteriores a la de los ochenta, época en la que se llevaron a cabo las políticas económicas y sociales del estado de bienestar, se logró abatir los niveles de pobreza en el país y la concentración del ingreso permaneció estable; en contraste, luego de la aplicación de las políticas económicas neoliberales, que agudizó la concentración del ingreso en las capas altas de la sociedad.

El país, donde mayor impacto ha tenido la pandemia, es en los Estados Unidos, por contar con un sistema de salud que ofrece muy poca protección social y que alcanza niveles dramáticos. De los ciudadanos estadounidenses 30% no tienen acceso a los servicios sanitarios y otros 27 millones tienen una cobertura muy insuficiente (The Guardian, 4 de marzo de 2020).

La mayoría de los servicios sanitarios son privados y además, el gobierno federal no puede intervenir para defender los derechos comunes.

La situación de la clase trabajadora cada día es más precaria, la gran mayoría de los trabajadores no tienen *sickleave*, es decir, que si no trabajan por estar enfermos, no reciben ningún salario o ayuda financiera. Esta enorme desprotección es la causa de que muchas personas enfermas, infectadas por el coronavirus, continúen trabajando y propagan el virus.

Los trabajadores estadounidenses reciben salarios por debajo de los 18 000 dólares al año (53 millones de personas, 44%), un ingreso insuficiente para tener una seguridad económica y, en consecuencia, pagar un seguro médico, eso está descartado para ellos.

Por otra parte, como resultado del escaso desarrollo del sector público, el número de camas hospitalarias por cada 1000 habitantes, es muy bajo lo que hace difícil la atención y hospitalización de la población sin seguro médico.

A ello se suma, que en su obsesión por negar la existencia de la pandemia, el presidente Trump llegó a ordenar a la máxima autoridad federal de salud pública, el Center for Disease Control and Prevention, que prohibiera las pruebas de identificación del contagio de la covid-19. Con anterioridad, su administración ya había reducido 18% del presupuesto anual de la entidad.

El resultado de la medida limitó el número de pruebas, entre el 3 de enero y el 11 de marzo (2020), a una cantidad mínima, solo de 26 pruebas de la covid-19 por cada millón de habitantes (en ese mismo periodo, Corea del Sur realizó 4000 pruebas por cada millón de habitantes).

Todos sabemos que el presidente Trump, obligado por la presión popular y política, empezó a movilizarse contra la expansión de la pandemia, aunque utilizó un lenguaje nacionalista, refiriéndose al virus extranjero venido de China, considerada hostil por él.

No obstante, recortó 20% de los Programas Federales para Urgencias Infecciosas, con lo cual eliminó la unidad de pandemias dentro del Consejo de Seguridad Nacional. La prioridad absoluta fue para la seguridad nacional,sin importar, en un momento como ese, la seguridad sanitaria. El presupuesto para la investigación de los Institutos Nacionales de Salud (NIH) fue significativamente reducido. La potencia más grande del mundo uno de los principales fundadores del neoliberalismo se desborona ante la pandemia de la covid-19.

La crisis pone en evidencia al sistema sanitario de Estados Unidos de America, donde sigue estando por encima el beneficio que las personas (17 de abril de 2020 fig 24).

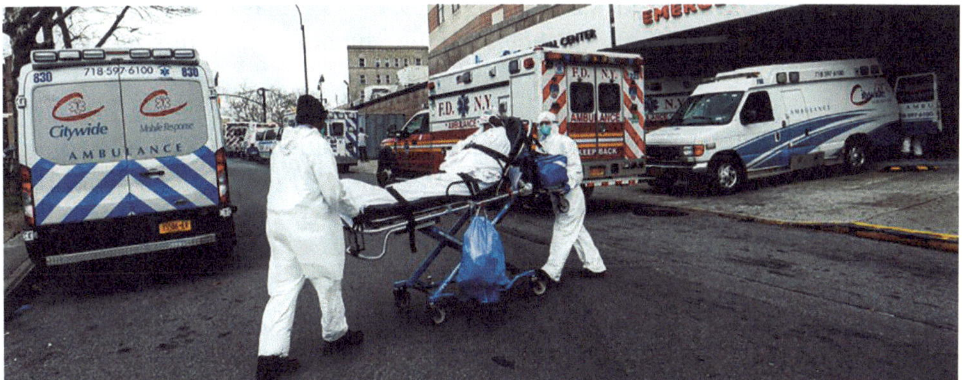

Fig 24 Personal sanitario trasladando un paciente.

Estados Unidos de América, donde las últimas palabras de un enfermo grave de coronavirus pueden ser: "¿Quién va a pagar esto?"

A punto de ser intubado a un respirador en una de las unidades de cuidados intensivos de Nueva York, ya colapsadas, un paciente grave de coronavirus le preguntó a su enfermero: "¿Quién va a pagar esto?". Fueron sus últimas palabras.

Así lo contó la pasada semana en Facebook Derrick Smith, enfermero anestesista de un hospital de la ciudad. "Corazón roto a otro nivel, el de escuchar a un paciente moribundo que gasta sus últimas palabras en preocuparse por su factura médica", escribió.

En el país más rico del mundo, la crisis del coronavirus pone de manifiesto una vez más la esencia de un sistema sanitario totalmente incapaz de lidiar con la pandemia. La autoridades federales y locales, las aseguradoras y las empresas hablan de ayudar a los ciudadanos a cargar con el coste de la crisis, pero pasar de las palabras a los hechos requiere de una revisión muy profunda de un sistema que durante décadas ha priorizado el dinero sobre los cuidados.

"Esta epidemia deja claro que cualquiera de nosotros, en cualquier momento, podría enfermar y requerir hospitalización y ventilación mecánica", afirma Adam Gaffney, médico de urgencias en Boston. "Y eso, en Estados Unidos, puede significar una factura médica que lleve a la ruina".

Gaffney es, además, presidente de Médicos por un Plan Sanitario Público, una organización a la que pertenecen más de 20 000 profesionales que apoyan un sistema sanitario universal para Estados Unidos. Son algunas de las personas que ven de primera mano las consecuencias de que muchos tengan que tomar decisiones médicas con el precio como criterio.

"He escuchado de boca de algún paciente que se ha saltado el uso de inhaladores porque no podía permitirse la dosis", explicó Gaffney. "He escuchado de boca de algún paciente que ha pasado años sin atención primaria porque no tenía seguro y le preocupaba acabar en cuidados intensivos".

En 2018 había 27,9 millones de personas sin seguro médico en Estados Unidos y se espera que la cifra incremente en millones de personas debido a la cantidad récord de desempleados, de momento unos 22 millones, que está dejando esta crisis. Mientras tanto, el país registra alrededor de 700 000 casos de coronavirus confirmados y 35 000 muertes, pero las cifras reales pueden ser incluso muy superiores.

El Gobierno de Estados Unidos y las principales aseguradoras dijeron que cubrirían los costes de las pruebas de detección y tratamiento de coronavirus, pero la complejidad bizantina del sistema y el miedo a la quiebra siempre deja un manto de duda sobre el potencial paciente, asustado ante la recepción de una factura que, semanas o meses después, se lleve por delante todo lo que tenga.

El precio de las pruebas y tratamientos dependerá siempre del tipo de seguro que cada persona haya contratado en el caso de que tengan seguro y del hecho de que sobreviva o no. Una empresa que paga el seguro médico de sus empleados podría decidir no cubrir el tratamiento de un empleado incluso si la aseguradora contratada afirmara que asume los pagos relacionados con el coronavirus.

El instinto estadounidense de preguntar el coste de los tratamientos médicos es ya un obstáculo en la pandemia. Según una encuesta de la empresa Gallup realizada en diciembre de 2019, desde 2006, 30% de los estadounidenses ha retrasado todo tipo de tratamientos médicos por su precio. En los últimos 14 años, cada año, 19% de los estadounidenses ha retrasado el tratamiento de alguna enfermedad grave, según la misma encuesta.

Otra encuesta realizada en 2018 por la Universidad de Chicago apunta a que hay estadounidenses preocupados por el coste de su asistencia sanitaria, un 40%, que por caer gravemente enfermos, un 33%.

Gaffney explica que "es difícil enfrentarse a una epidemia si la gente tiene miedo de ir al médico, de que los vean en una unidad de emergencias". "Eso podría significar que hay personas a las que no se realizan pruebas, por lo que algunas personas reciben cuidados más tarde y corran el riesgo de hacerse daño a sí mismas", asevera.

Una pandemia que cierra clínicas y destruye empleos

La crisis provocada por la pandemia se ve exacerbada por la devoción que tiene este sistema por unos beneficios que suelen pasar incluso por encima de los seres humanos. Los sanitarios se van para casa sin trabajo, incluso los que han estado en primera línea, en cuanto sus empleadores buscan reducir costes.

Alteon Health, una empresa relacionada con un fondo de inversiones que emplea a 1700 médicos de urgencias, entre otras especialidades, anunció que suspendía los beneficios sociales de sus empleados, incluida cualquier hora pagada remunerada vacaciones o días de descanso según un comunicado de la web especializada STAT.

Mientras, las unidades de cuidados intensivos y emergencias están emitiendo facturas muy altas y se nota una ralentización cuando no pausa total en cuidados no esenciales. Eso ha provocado que disminuyan los beneficios de las empresas sanitarias. Y sin poder beneficiarse de los tratamientos que más ingresos les reportan como las terapias físicas, las cirugías estéticas o los procedimientos ortopédicos, el sistema sanitario, dicen, tiene problemas para cubrir sus costes administrativos y sus salarios.

La Academia Americana de médicos de Familia ha calculado que podrían cerrar o quedar bajo mínimos hasta 60 000 consultorios en el mes de junio y que serán despedidos o verán sus contratos reducidos unos 800 000 empleados. Y en los pasillos de hospitales por todo el país, el personal no solo está siendo especialmente cuidadoso y se preocupa ante cualquier tos o fiebre, también tiene la preocupación extra de que sus salarios, empleos o equipamiento para trabajar estén en la cuerda floja.

"Siempre estamos en el filo y esto añade un nivel extra a una conciencia muy clara de que no podemos gastar dinero", afirma Joe Manginn, enfermero de urgencias en Madison, Wisconsin. Manginn y su esposa, también en el sector sanitario, están atentos a sus propios costes médicos.

"Si enfermamos y acabamos hospitalizados, nos golpeará en lo económico, por los pagos, pero, sobre todo, porque no podremos trabajar. Sería un golpe doble para todos los empleados del sistema sanitario en este momento", lamenta.

Su seguro médico, en el que se incluye a sus tres hijos, cuesta 5.000 dólares al año más el dinero que ahorran para pagos en metálico en una cuenta paralela exenta de impuestos. "Trabajamos para el hospital, deberíamos tener acceso a la atención sanitaria pero desgraciadamente, ya sabes, nuestro país no funciona así", afirma.

El Congreso ha destinado 100.000 millones de dólares para ayudar a los hospitales. El viernes, la Casa Banca dijo que los hospitales que acepten el dinero no podrán hacer dos cosas a las que están acostumbrados: emitir facturas a pacientes sin seguro médico o cobrarles por recibir cuidados de un médico que esté en el hospital, pero no directamente empleado por la institución.

Al igual que otras de las medidas aprobadas por el Gobierno, quedan muchas preguntas por responder sobre la efectividad de ese dinero a la hora de resolver problemas en un sistema sanitario complejo. También sobre su capacidad de salvar, tanto empleos como centros asistenciales.

El golpe sobre los trabajadores en primera línea

Un desafío de estas características al sistema sanitario puede terminar con médicos y enfermeros en paro, pero comienzan a verse las pruebas de que las empresas aseguradoras podrían salir indemnes. No solo porque las empresas que venden medicina entran en la crisis bien provista de capital, sino porque muchos analistas aventuran que sus costes van a disminuir debido a que baja el número total de personas que llega a los hospitales a recibir atención.

David Blumenthal, presidente de un think-tank que analiza el sector, The Commonwealth Fund, dice que las personas que tienen cobertura anual completa seguirán pagando sus cuotas, pero requerirán menos procedimientos y las empresas tendrán menos costes de operación.

“Seguiremos pagando nuestras cuotas porque sabemos que podemos contagiarnos de coronavirus y terminar en cuidados intensivos y pagar decenas de miles de dólares si no tenemos seguro”, dice Blumethal. “Vamos a seguir pagando, pero no vamos a ir a ver un médico si no lo necesitamos mucho. Eso son buenas noticias para las empresas de seguros”.

Al mismo tiempo, las 22 millones de personas que han perdido sus empleos en el último mes van a suponer una carga extra sobre el sistema sanitario si pasan a engrosar las filas de las personas sin seguro que usan Medicaid, el seguro del Gobierno para las personas de menos recursos.

Blumenthal afirma que la crisis tendría consecuencias negativas para la salud. Enfermedades como la depresión derivada de la pérdida de ingresos o la malnutrición provocada por el mismo motivo, harán que muchas personas puedan enfermar más fácilmente de otras dolencias.

Benjamin Sommers, profesor de política sanitaria y economía en la Escuela de Salud Pública de la Universidad de Harvard, cree que hay pocas evidencias de que la crisis lleve a la administración Trump a reflexionar sobre el sistema sanitario.

"Tendremos que ver dónde termina ubicándose la percepción de la ciudadanía en cuanto a la respuesta a la epidemia por parte del poder público", aporta Sommers, que también trabaja como médico de atención primaria. Gaffney, médico de urgencias, está seguro de que el modelo de financiación del sistema sanitario en Estados Unidos multiplica las consecuencias de la epidemia.

"A la vez que sube el desempleo y aumenta la recesión, cada vez más gente pierde su cobertura y recibe más facturas si se pone enferma. No tiene ningún sentido", concluye.

Coronavirus, principio del fin del neoliberalismo de Estados Unidos de América

Fig.25 Bandera nacional de Estados Unidos junto a una tumba en un cementerio cualquiera de esta nación estadounidense., 7 de abril de 2020.

La crisis de la covid-19 puede propiciar el declive del actual orden mundial, basado en un neoliberalismo defendido por un Estados Unidos incapaz de afrontar este desafío.

Las consecuencias de la crisis de la pandemia del nuevo coronavirus, denominado covid-19, cuya rápida propagación está haciendo un verdadero estrago entre la población a nivel mundial, es el inicio del declive de la imagen que proyecta Estados Unidos como una superpotencia ante la opinión mundial.

Estados Unidos de América falla su prueba de liderazgo en la pandemia del coronavirus

Una superpotencia que desde hace más de 75 años viene vendiendo o, mejor dicho, imponiendo a muchas otras naciones su modelo político-económico, que en un principio fue el capitalismo para luego reestructurándose en lo que hoy conocemos como el neoliberalismo, como el mejor sistema para regir el destino de miles de millones de personas alrededor del mundo.

El mundo ha sido testigo de las interminables atrocidades que esta superpotencia es capaz de emplear a fin de prevalecer sus dos modelos político-económicos, el capitalismo y el neoliberalismo, sobre los demás modelos resurgidos tras el fin de la gran contienda mundial.

El neoliberalismo surge como reacción a la intervención del estado como garante de una mayor justicia social, es decir, del estado benefactor, y toma fuerza gracias a las debacles de la economía capitalista del siglo XX, particularmente las registradas a finales de los años 20 y la de la década de 1970.

Con la sobrevenida crisis de la letal pandemia de la covid-19 se está viendo como este modelo neoliberal defendido por Washington contra viento y marea no está a la altura de las circunstancias que caracteriza una emergencia sanitaria de esta índole, cuyo brote hasta la fecha ha dejado tras de sí a más de 1 340 000 personas infectadas y más de 74 000 muertes alrededor del mundo.

El líder de Hezbolá, Hasan Nasrallh (fig. 26) ha advertido que el nuevo coronavirus puede ser más peligroso que las guerras mundiales y podría cambiar el orden mundial.

Fig. 26 Hasan Nasrallh: La pandemia de la covid-19 puede cambiar el orden mundial.

Estas cifras se vuelven más virulentas en Estados Unidos con un registro de más de 376 000 casos de contagio y casi 11 000 víctimas mortales debido a la apatía mostrada por el Gobierno de Estados Unidos, presidido por Donald Trump, y a la incapacidad del sistema para enfrentar este tipo de evento.

La tibia respuesta de la Administración Trump ante la rápida propagación de este virus, cuya carga viral es más contagiosa que el síndrome respiratorio agudo grave (SARS, por sus siglas en inglés) o la influenza, conocida como la gripe común, en suelo estadounidense ha puesto en evidencia dos cuestiones que son, en primer lugar, la negligencia, más que premeditada, de la Casa Blanca ante las continuas alertas que difundió la Organización Mundial de la Salud (OMS) a las autoridades mundiales para que pusieran en marcha los protocolos sanitarios oportunos en sus países para prevenir los posibles casos de contagios entre su población local, en segundo lugar, la incapacidad constatada de una red de sistema de asistencia sanitaria estadounidense en ofrecer una respuesta adecuada a la afluencia masiva de los pacientes infectados con la covid-19, en especial, en el estado de Nueva York.

Nueva York, alerta por la pandemia

Teniendo en cuenta que ya han pasado más de tres meses desde que se diera a conocer la situación de emergencia sanitaria al que se enfrentaban las autoridades chinas, que ya lo tienen bajo control, resulta muy desconcertante que un dirigente de peso a nivel mundial como lo es el presidente de Estados Unios, en este caso Trump, no tomara en serio ni un ápice las alertas de la OMS y siguiera con sus políticas rutinarias como si nada estuviera pasando al otro lado del océano Pacífico.

Son muchos los expertos a nivel internacional que barajan la posibilidad de que este comportamiento del líder republicano esconde en realidad la ineptitud de un gobernante de una superpotencia que todo su poderío se asienta sobre el modelo neoliberal que se ha implantado y regido en su sistema político-económico, y cuyas teorías pueden estar algo desfasado en lo que concierne al modelo a seguir por una gran parte de las sociedades en busca de asegurar su provenir diario.

El modelo sanitario privatizado y desigual de Estados Unidos de América, factor de riesgo en la lucha contra la expansión del coronavirus

Los expertos dicen que para contener el coronavirus hace falta un cambio integral del sistema en un país en el que no siempre las empresas pagan las bajas por enfermedad y millones de personas no tienen seguro médico.

Las autoridades sanitarias estadounidenses que supervisan el avance del coronavirus han recomendado a la población que, para frenar la inevitable propagación de la enfermedad respiratoria, sigan consejos simples. Entre ellos, lavarse las manos, quedarse en casa si se sienten enfermos y hablar con un médico si tienen síntomas de la enfermedad.

Pero en el sistema sanitario de Estados Unidos, en el que aproximadamente 27 000 000 de personas no tienen o no pueden costearse un seguro médico privado, las cosas nunca son tan simples. Los expertos dicen que para contener el coronavirus hace falta un cambio sistémico, más allá de que más personas se laven las manos. Y apuntan a factores como que las empresas no garantizan bajas pagadas por enfermedad o el coste de la atención médica. En los últimos días, los medios estadounidenses han publicado las primeras historias de personas en cuarentena u hospitalizadas por el coronavirus a las que se han pasado facturas de miles de dólares.

“Para muchos estadounidenses que tienen seguro médico y un buen trabajo con un jefe comprensivo, y yo no soy un experto en el mercado laboral, esas recomendaciones son plausibles”, explica a The Guardian. David Blumenthal, presidente de Commonwealth Fund, un think tank sobre salud global. “Pero no son fácilmente factibles para las personas que no tienen seguro médico o que tienen un seguro médico precario, que es alrededor de una quinta parte de la población estadounidense”, apuntala.

El pasado lunes, casi 500 expertos en salud pública y juristas firmaron una carta abierta en la que pidieron al Gobierno que garantice que las personas no duden en buscar asistencia médica o hacerse las pruebas que permiten diagnosticar el coronavirus. “Los políticos deben trabajar directamente con las compañías de seguros para permitir que todos los asegurados adherirse a las recomendaciones de salud pública”, señalan, tras lo que reclaman que se garantice “un acceso amplio y asequible a las pruebas, incluso para los no asegurados”. “Los esfuerzos de control serán menos eficaces si algunas personas no buscan un diagnóstico o una atención adecuada debido a los grandes gastos de su bolsillo o los copagos”, advierten.

La respuesta de la administración Trump a la nueva enfermedad de la que se han registrado más de 100 contagios y nueve muertes ha sido muy cuestionada, sobre todo después de que se haya difundido que las autoridades sanitarias fracasaron en su primer intento de producir en masa un kit de prueba de diagnóstico y enviaran a laboratorios cientos de ellos con algunos componentes defectuosos. También se ha exigido ampliar el número de análisis practicados.

Tras las crecientes críticas, el Gobierno se ha comprometido a ampliar esta semana a hasta un millón las pruebas de diagnóstico que se van a poder llevar a cabo. Y el vicepresidente Mike Pence ha salido al paso prometiendo que “cualquier estadounidense podrá someterse al test, sin restricciones, según las órdenes de los médicos”.

Seema Verma, administradora de los Centros de Servicios de Medicare y Medicaid, ha asegurado que las pruebas para el coronavirus están cubiertas por ambos programas pero, como recuerda *The Washington Post*, no queda claro cómo se van a gestionar los costos para los millones de estadounidenses que no tienen seguro.

Más temor a las facturas que a las enfermedades graves

La jefa de inmunización de la agencia gubernamental sanitaria CDC (Centros para el Control y la Prevención de Enfermedades, Nancy Messonnier, aseguró la semana pasada que la contención del coronavirus era una prioridad porque aún no hay ninguna vacuna o medicamento para prevenirlo y tratarlo. Para ello, dijo que las empresas deberían barajar reemplazar las reuniones presenciales por el teletrabajo. Recomendó a las autoridades escolares que consideren formas de limitar el contacto cara a cara, como dar clases por Internet o incluso el cierre de escuelas. También, aconsejan a las personas que padecen enfermedades respiratorias que busquen asistencia médica cuanto antes.

Pero se sabe que los estadounidenses, en particular los que cuentan con seguros médicos caros o no tienen ningún tipo de seguro, evitan la asistencia médica debido al coste de esta.

Según una encuesta elaborada en 2018 por la Universidad de Chicago y el Instituto de Salud Occidental, son más los estadounidenses que temen pagar por la atención médica si caían gravemente enfermos (40%) que los temen las enfermedades graves (33%). El estudio también reveló que, en un solo año, cerca de 40% de los estadounidenses se saltó un examen o tratamiento médico y 44% no fue al médico cuando enfermó o se lesionó por el coste de la asistencia sanitaria.

"Las personas con enfermedades agudas de todo tipo posponen la atención sanitaria cuando no tienen seguro médico o tienen altos deducibles [sumas de dinero que la compañía de seguros no cubre]", dice Blumenthal. "No podemos esperar que las personas con síntomas de una infección respiratoria aguda no vayan a hacer lo mismo cuando el coronavirus puede presentarse con tos y con fiebre baja, no como una enfermedad completamente debilitante".

En los países con asistencia sanitaria universal, las personas no siempre van al médico cuando están enfermas. Pero el factor disuasorio, en estos casos, nunca es la amenaza de pagar elevadas facturas por la atención médica. "Este es un problema casi exclusivamente estadounidense cuando se trata del mundo desarrollado", afirma Blumenthal.

Osmel Martínez Azcue, un estadounidense que normalmente se saltaba las visitas al médico, decidió hacerse la prueba cuando desarrolló síntomas parecidos a los de la gripe después de regresar de China en enero. Aunque normalmente solo iba a una farmacia a comprar medicamentos, esta vez fue a un hospital por la preocupación de sus vecinos.

En una conversación con *The Miami Herald*, explicó que tenía un plan de seguro limitado, así que intentó que las pruebas fueron las mínimas, temiendo el precio de los escáneres CT recomendados por los médicos. Después de hacerse pruebas más pequeñas y menos costosas, los médicos le dijeron que lo que tenía era la gripe, no el coronavirus. Le cobraron 3 270 dólares (2 928 euros). El hospital respondió al Miami Herald que de esa factura, Osmel solo tenía que pagar 1 400 dólares.

Para Azcue, su experiencia refleja cómo los costos de la atención médica en Estados Unidos de América pueden interferir en los esfuerzos de prevención del coronavirus. "¿Cómo pueden esperar que los ciudadanos corrientes contribuyan a eliminar el riesgo potencial de contagio de persona a persona si los hospitales están deseosos de cobrarnos 3 270 dólares por un simple análisis de sangre y una muestra nasal?".

Quedarse en casa cuando la baja no está garantizada

Para contener el coronavirus, el CDC ha enfatizado lo importante que es evitar las multitudes, el trabajo desde casa e incluso la auto cuarentena, una recomendación que puede ser difícil de seguir en el único país rico del mundo que no exige a las empresas que paguen a los trabajadores los días de baja por enfermedad.

Al menos tres de cada 10 empleados no se ausentaron del trabajo cuando enfermaron con la gripe porcina H1N1 en 2009, según el Instituto de Investigación de Políticas para la Mujer. Según explica el instituto, esto provocó hasta siete millones de infecciones más y pudo extender el brote.

"Para que la gente se tome en serio las recomendaciones de los CDC necesitamos mucha infraestructura antes", señala Carol Joyner, directora del Proyecto Laboral para Familias Trabajadoras, una organización sin fines de lucro que aboga por mejores políticas familiares en el lugar de trabajo.

Para las personas que trabajan de cara al público y tienen bajos salarios, quedarse en casa y no trabajar pocas veces es una opción.

"El salario medio de los trabajadores que no tienen bajas pagadas por enfermedad es de 10 dólares la hora, según un informe del Centro para el Progreso Estadounidense de 2012".

Si un trabajador con este salario tiene una familia de dos hijos y falta más de tres días al trabajo sin baja remunerada, la familia se quedaría por debajo del umbral de pobreza", sostiene el centro.

De acuerdo con el estudio, 38% de los trabajadores del sector privado carecen incluso de un día de baja por enfermedad remunerado, un porcentaje mucho mayor en el caso de los trabajadores a tiempo parcial, con 73% sin acceso.

Es probable que entre estos empleados haya personas que trabajan con el público, como camareros y conductores de autobuses, o personas que trabajan con poblaciones vulnerables, como cuidadores y de guarderías. También son empleos en los que el teletrabajo, que el CDC advirtió que podría ser necesario a medida que se propaga el brote de coronavirus, no es una opción.

"La población que gana los sueldos más bajos, que a menudo son personas negras y mujeres, es la que se verá más afectada por el coronavirus", afirma Joyner. Estos son también los grupos que, según demuestran los estudios una y otra vez, tienen el peor acceso a seguros médicos asequibles y a una baja médica o por motivos familiares remunerada.

Según un estudio de los CDC de 2014, uno de cada cinco trabajadores que sirven alimentos aseguró haber trabajado al menos una vez en el año anterior mientras estaba enfermo con vómitos o diarrea. Los factores más significativos que influyeron en su decisión fueron el miedo a perder el trabajo y el no querer que sus compañeros cuenten con poco personal.

Karen Scott, estudiante de doctorado en el Instituto Tecnológico de Massachusetts (MIT), advirtió en un artículo en The Conversationde que cuando los empleados van al trabajo enfermo "una crisis sanitaria manejable puede salirse de control". Scott aconseja a los consumidores que preguntaran sobre las políticas de bajas pagadas por enfermedad en sus restaurantes favoritos, algo que puede afectar a la cultura de la empresa.

También se está impulsando una legislación para crear un seguro nacional de baja familiar y médica pagada, la Ley de Familias Saludables, que busca establecer una base de siete días de enfermedad pagados cada año.

Pero la situación no es mucho mejor para los trabajadores que sí tienen baja pagada. La cultura laboral en los Estados Unidos no favorece que los empleados se cojan días de enfermedad, incluso cuando son necesarios. Según un estudio realizado en octubre de 2019 por la empresa de recursos humanos Accountemps, 90% de los profesionales han ido a trabajar con síntomas de resfriado o gripe.

Los trabajadores del sector privado que tienen días de enfermedad pagados tienen un promedio de siete por año, ya sea tras uno, cinco o diez años trabajando en la empresa, según la Oficina de Estadísticas Laborales de Estados Unidos De América. A los veinte años de carrera en la empresa la media sube a ocho días de enfermedad pagados. Esto es la mitad del tiempo recomendado para una auto cuarentena.

Incluso la recomendación más básica, lavarse las manos más frecuentemente con agua y jabón, ha sido cuestionada. "Lavarse las manos es un gran consejo para la gente que no se relaciona con cientos de personas al día", ha dicho la escritora y activista por los derechos laborales Talía Jane en Twitter. "No puedo dejar el puesto para lavarme las manos después de cada cliente cuyo dinero y comida he tocado mientras embolsaba sus productos. Tampoco podemos usar guantes o máscaras".

Estados Unidos de América supera las 80 000 muertes por coronavirus; hay 1.3 millones de casos, 10 de mayo de 2020.

Fig. 26 Piden a los residentes de Atlanta que mantengan la distancia social en público.

WASHINGTON - La cifra de fallecimientos a causa del coronavirus en Estados Unidos superó este domingo los 80 000, mientras la de contagios ya había pasado los 1.3 millones, en momentos en que cada vez más estados reabren para reactivar sus economías.

Hasta este domingo, al menos 80 032 personas han fallecido por complicaciones de la covid-19 y otras 1 322 589 han resultado contagiadas desde que empezó la pandemia en el país.

Los estados más afectados por la pandemia son Nueva York (339 709 infectados, 27 696 muertes), Nueva Jersey (138 532 contagios, 9 255 muertes), Michigan (46 756 infectados, 4 526 muertes), y Massachusetts (76 743 infectados, 4 840 muertes).

Otros estados que también sufren fuertemente las consecuencias de la pandemia son Illinois, Connecticut, California, Pensilvania y Luisiana.

Fig. 27 Trump aumenta su cálculo de muertes.

Trump aumenta su cálculo de muertes

Enfrentando una devastada economía en pleno año electoral, Trump insiste en que es posible reabrir negocios y al mismo tiempo proteger la salud de la ciudadanía en medio de la amenaza del coronavirus.

Ante preguntas del público el domingo a la noche en una conferencia virtual desde el Monumento a Lincoln, el mandatario reconoció que hay temores válidos en ambos lados del argumento: de los que temen un resurgimiento de la enfermedad y de los que temen a la ruina económica si los negocios no reabren.

Siete estados de Estados Unidos de América y Puerto Rico comienzan reapertura económica a pesar de los riesgos (fig. 28 y fig 29).

Fig.28 Algunos estados en reapertura.

FIG.29 Más personas en las calles: Estados Unidos de América vuelve poco a poco a la normalidad.

Muchos expertos opinan que Estados Unidos de América no podrá reactivar totalmente su actividad comercial hasta que se desarrolle una vacuna. Trump vaticinó que es posible que haya una antes de finales de este año.

Expertos estadounidenses calculan que pasarán entre 12 y 18 meses antes de que surja una vacuna fiable. Pero el doctor Anthony Fauci, el máximo experto en enfermedades infecciosas a nivel nacional, declaró a finales de abril que es concebible que, si se desarrolla una vacuna, que sea distribuida en enero del año entrante.

El reporte *The New York Times*

El informe del periódico indica que el gobierno de Trump estaría contemplando un aumento de casi el doble de muertes por el COVID-19 para la primera semana de junio hasta alcanzar los 3 000 fallecidos, frente a la media de 1 750 que se registra actualmente, según el modelo de proyecciones con el que trabajan los CDC.

Según documentos oficiales a los que ha tenido acceso el diario *The New York Times*, el gobierno federal también estima que las cifras de nuevos casos ascenderán a 200 000 diarios para finales de este mes, unos 25 000 casos más que los que se contabilizan actualmente en video de campaña.

"Miren, vamos a perder entre 75 000, 80 000 o 100 000 personas", declaró Trump. "Eso es terrible. No deberíamos haber perdido ni a una sola persona. Esto debió haberse detenido en China".

Pero al mismo tiempo habló con tono de urgencia al llamar a una reapertura de la economía.

"Tenemos que reabrir la economía con salud, pero lo más rápido posible", aseveró el mandatario.

Tras estar más de un mes encerrado en la Casa Blanca, Trump pasó el fin de semana en Camp David y el domingo a la noche realizó el foro virtual organizado por el canal el Fox News Channel.

Hart Island, Nueva York: la isla de los muertos

Desde el año 1869 las autoridades de la ciudad neoyorkina entierran allí, en fosas comunes los cadáveres no reclamados, no identificados o NN (no name), y de aquellos que no pueden pagar su entierro, mayoritariamente negros y latinos. Se estima en casi un millón los cuerpos que hay en esas fosas (fig 30).

Fig .30 Hart Islan, 20 de abril de 2020.

Hace aproximadamente 150 años el municipio de Nueva York compro la isla de 1,6 kilómetros de largo y menos de medio kilómetro de ancho, situada en el estuario del Bronx, convirtiéndola en 1869. Foto: Tomada de Internet.

Si usted reside en la ciudad de Nueva York, fallece y sus familiares no tienen recursos para costearle un entierro privado, usted, o mejor dicho, sus restos mortales serán trasladados para la Hart Island, en el estuario del Bronx, donde los enterrarán en una fosa común dentro de un ataúd de pino sin una lápida, tan solo con su nombre (fig. 31).

Fig. 31 Entierros de fosas comunes.

Hart Island es un gran cementerio para personas pobres. Se le llama La isla de los muertos, o La cárcel de los muertos. Foto: Tomada de Internet.

Normalmente los reclusos de la famosa prisión de Rikers Island, cercana a la Hart Island, son los encargados de abrir las fosas donde se enterraban semanalmente unos 25 cuerpos, pero ahora al convertirse la ciudad de Nueva York en epicentro de la pandemia del coronavirus, la cifra puede llegar a más de 25 cadáveres diarios.

También la isla fue utilizada como cárcel de prisioneros del ejército confederado cuando la Guerra Civil; como hospital psiquiátrico; como sanatorio para tuberculosos; como centro de detención de delincuentes juveniles y, además, como base de misiles durante la Guerra Fría.

Por una antigua legislación colonial la isla está controlada por el Departamento Penitenciario de Nueva York, de ahí las dificultades para acceder a ella que tienen que afrontar los familiares de los muertos cuya identidad es conocida, cuando deseen ir a visitarlos.

Casi las 53 hectáreas de extensión de la isla se encuentran cubiertas de hierba. Tiene una iglesia y dos edificios abandonados. Existe el proyecto (The Hart Island Proyect) que pretende identificar los cuerpos que se encuentran en las fosas, de personas fallecidas después de 1977, debido a que los registros anteriores a ese año fueron quemados (fig. 32).

Nueva York **"devastada"** ante imágenes de entierros temporales en fosa común.

Fig. 32 Fosas comunes en Hart Island (EE. UU.). Imagen: EFE.

Normalmente los reclusos de la famosa prisión de Rikers Island, cercana a la Hart Island, son los encargados de abrir las fosas comunes.

Otro de los proyectos es crear un museo virtual similar a Facebook, sobre los fallecidos, para que los familiares y amigos de las personas identificadas que están enterradas allí, tengan acceso al lugar donde se encuentran, y publicar fotos, videos de sus vidas y epitafios.

Hace unos días las redes sociales mostraron unas fotos tomadas en Hart Island que revelan el instante en que se procede a enterrar varios ataúdes en una fosa.

Saltaron las alarmas y el alcalde Bill de Blasio se vio precisado a señalar: **"los neoyorquinos se sienten devastados al ver las imágenes de conciudadanos enterrados en fosas comunes"** y agregó: **"No habrá entierros masivos en Hart Island. Todo será individual y cada cuerpo será tratado con dignidad"**, ha remarcado el alcalde neoyorquino en una serie de mensajes en su cuenta de Twitter.

El centro de la pandemia mundial sigue siendo este rico país donde como resultado del neoliberalismo que ha carcomido hasta los huesos los pilares alcanzado por el propio capitalismo en el sostenimiento de la sociedad por el estado antes de su surgimiento tiene hoy el ineludible deber de reconocer por sus propios promotores su total derrumbamiento.

El mundo está viviendo esta tragedia frente a los países más desarrollados donde su abrumadora crisis sanitaria transformada en una crisis social profunda apunta hacia una crisis económica encaminada al entierro final del neoliberalismo como sistema social en la tierra.

CAPÍTULO 2

LA PANDEMIA Y AMÉRICA LATINA

América Latina, crisis social y pandemia

El nuevo coronavirus también irrumpe en los países latinoamericanos, tras varias décadas de políticas de desmantelamiento de la salud pública y, en general, de las medidas de protección social.

En América Latina, la seguridad social elemento fundamental en momentos de crisis y los sistemas de salud, que eran estatales, pero muy deficientes, se fueron debilitando aún más con la irrupción de gobiernos neoliberales que tomaron medidas para favorecer a los grandes dueño de las finanzas, sabemos que varios países copiaron el modelo de privatización de la salud adoptado en Chile: "Se le dio al sector privado el manejo y la intervención en la cuestión sanitaria, convirtiendo la salud en un negocio".

Con las reformas neoliberales, que empezaron en la década del noventa, pero se radicalizaron a partir de la crisis financiera de 2008, los trabajadores no solo vieron desmantelada su protección social sino, y de manera drástica, sus derechos y garantías laborales.

En America Latina, la solución a la crisis de 2008 fue que pagaran los trabajadores. Se llevaron a cabo reformas laborales y de las pensiones. Se tomaron medidas de ajuste fiscal para reducir la inversión publica en salud y educación. Se favoreció la inversión extranjera y la movilización de capitales.

Como resultado de estas políticas de corte neoliberal se generó una migración laboral, en condiciones sociales muy precarias y cada vez más perseguida y excluida.

Estos migrantes, desprotegidos y abandonados, constituyen una población de alto riesgo ante la pandemia. Y no solo por el hacinamiento y la falta de higiene en la que viven durante la ruta que los lleva al Norte, sino por las precarias condiciones de trabajo de aquellos que han logrado asentarse en Estados Unidos o Europa, y cuyas remesas, paradójicamente, constituyen el primer renglón de divisas para países como Honduras.

Tanto en los Estados Unidos como en Europa, muchos de los migrantes latinoamericanos no tienen su situación regularizada y, por tanto, trabajan ilegalmente con una baja media salarial, falta de días por enfermedad y escasez de flexibilidad laboral. Condiciones que los convierten en uno de los primeros sectores de la población en sentir el impacto económico del coronavirus.

La vulnerabilidad de esta población ante la covid-19 es de tal magnitud, que el 28 de marzo, Portugal regularizó a todos los inmigrantes pendientes de autorización de residencia. La medida de urgencia les permite acceder a los servicios de salud y al subsidio de paro en caso de despido por la epidemia.

Este gesto del Gobierno de Portugal debio ser el primer paso que debieron dar todos los países de corte neoliberar, incluyendo en primer lugar los paises capitalistas desarrollados que lo que han hecho en realidad es incrementar en solo semanas el ejército de desemplados.

Existen otros trabajadores en América Latina que también ocupan la primera línea de vulnerabilidad: aquellos del sector informal que laboran sin contrato de trabajo, sin registro de personalidad jurídica o simplemente sin remuneración, ellos son los más afectados por esta crisis. El día que no venden no comen porque no tienen forma de sobrevivir, carecen de servicio de salud. No tienen salarios y no los cubre la seguridad social.

Esta es la verdadera realidad del inhumano neoliberalismo que, aunque no selecciona personas para la muerte, es la clase desposeída la más afectada.

No quisiéramos terminar esta breve introducción sin hacer una referencia de Fidel con relación al neoliberalismo (Fig. 33).

Fig 33. Fidel Castro Ruz expresiente de Cuba y férreo luchador contra el neoliberalismo.

"Con el neoliberalismo, la economía mundial no ha crecido más rápidamente en términos reales, pero en cambio se ha multiplicado la inestabilidad, la especulación, la deuda externa, el intercambio desigual, la tendencia a ocurrir crisis financieras más frecuentes, la pobreza, la desigualdad y el abismo entre el Norte opulento y el Sur desposeído". (Intervención de Fidel en la Sesión Inaugural de la Cumbre Sur, 12 de abril de 2000).

Hemos querido desarrollar un conjunto de información tomado como ejemplo cuatro países del área de diferentes economías, pero todos de un marcado sistema neoliberal, ellos son desde economías fuertes como Brasil, México y en menos dimensión Chile hasta el caso del Ecuador, que las imágenes que han recorrido el mundo de cadáveres apilados en las calles días y días han estremecido a la humanidad completa.

Brasil y la Pandemia

En pocos días puede convertirse en el epicentro mundial de la pandemia de la covid-19

Denuncia Lula que con fake news se busca minimizar víctimas del coronavirus en Brasil (Radio Habana Cuba, noticias, 30 de marzo de 2020).

Fig 34. Luiz Inacio Lula Da Silva, expresiente de Brasil.

Brasilia, 30 marzo (RHC). El expresidente Luiz Inácio Lula da Silva alertó sobre las fake news (noticias falsas) que retornan, en medio del combate que se libra hoy contra el nuevo coronavirus SARS-Cov-2 en Brasil, donde se registran 136 muertes.

"Las noticias falsas vuelven con todo en los grupos de WhatsApp (aplicación multiplataforma de mensajería instantánea y llamadas de voz para teléfonos inteligentes) y pueden costar miles de vidas", escribió Lula en la red social Twitter.

Llamó a los brasileños a mantenerse en sintonía y "difundan la verdad", más ahora que se divulgan informaciones inexistentes para desacreditar las cifras de pérdidas humanas por la Covid-19 en este gigante país suramericano, refiere Prensa Latina.

Recientemente, en la misma plataforma, el fundador del Partido de los Trabajadores publicó en su cuenta un post de gobernadores en el que aseguran que "con sentido común y equilibrio, seguiremos guiándonos por la ciencia y la experiencia mundial, para orientar todas las medidas, evaluadas diariamente, en esta guerra contra el coronavirus".

Entre otras medidas restrictivas, las autoridades de los 27 estados brasileños decretaron un aislamiento social y el cierre de los comercios para procurar frenar la expansión del virus, como recomienda la Organización Mundial de la Salud.

La pasada semana, Lula propuso la renuncia o destitución del presidente Jair Bolsonaro, quien demuestra su falta de condiciones para gobernar Brasil bajo una crisis de coronavirus.

Bolsonaro emitió en ese periodo un polémico pronunciamiento en la red nacional de radio y televisión, que repitió después, al comparar a la covid-19 con un resfrío o una gripe, contradecir a los expertos y pedir que se pusiera fin al "confinamiento masivo".

También demandó un "retorno a la normalidad" y culpó a la prensa por "difundir el miedo".

Ante tal imprudente desahogo, el exdirigente obrero, junto al exministro de Educación Fernando Haddad, realizaron una transmisión en vivo por redes sociales para abordar la pandemia y la irreflexiva conducta del excapitán del Ejército.

"O ese ciudadano (Bolsonaro) dimite o enfrenta un impeachment (juicio político), porque no es posible que alguien sea tan irresponsable como para jugar con la vida de millones de personas", comentó el exmetalúrgico.

Para Lula, el discurso de Bolsonaro fue una "demostración de tremenda incapacidad política".

En su última actualización, el Ministerio de Salud notificó además que existen en el país 4256 personas contagiadas de la covid-19.

Resaltando esta temprana intervención del expresidente Luis Ignacio Lula da Silva que fuera despojado de su nueva reelección por un gobierno neoliberal de carácter dictatorial y bochornosamente corrupto en las últimas elecciones presidenciales de Brasil, nos remuerde la conciencia este ilegal acto y nos hace pensar que con los logros obtenidos en su último mandato si Lula fuera presidente hoy con todo lo logrado por los mandatos de representantes del Partido de los Trabajadores Brasil, no fuera actualmente el peor país de la pandemia en América Latina y un candidato seguro a estar dentro de los días en el centro de la pandemia a nivel mundial.

No merecía un estudio de la situación en Brasil comenzara de otra forma que no fuera de una referencia a este humilde hombre que llegó a la presidencia del gigante suramericano y que se haya dedicado toda su vida a luchar por el bienestar no solo de los desposeídos de su pueblo, sino del mundo.

Veamos cómo fue desarrollándose la pandemia

(Redacción digital, Internetarrobagranma.cu, 26 de febrero de 2020)
El pasado 18 de enero, una mujer de 35 años arribó al aeropuerto de Belo Horizonte, en el estado de Minas Gerais, en un vuelo proveniente de Shangái. No hubo cámara ni escáner que detectara sus síntomas "compatibles con enfermedad respiratoria viral aguda", detallados en el parte del Ministerio de Salud del estado del 22 de enero a las 16.26. Solo una hora más tarde, el Ministerio de Salud federal descartó que el episodio estuviera vinculado **"con el evento en China"**. El caso fue desestimado no gracias a un test rápido, sino sobre la base del itinerario, que no había incluido Wuhan, la ciudad en que se desató la epidemia de coronavirus.

¿A qué país llegaba la mujer?

El presidente Jair Bolsonaro (fig. 35) recién cumplía el primer año en el Palacio del Planalto pero, junto con su ministro de Economía Paulo Guedes, ya había logrado avanzar en las reformas laborales y jubilatoria de corte liberal, además de las privatizaciones de empresas estratégicas. La noche de su triunfo electoral, Bosonaro también había hecho otra promesa sintetizada en una simple frase: "Más Brasil, menos Brasilia". "El Estado Federal dará un paso atrás, reduciendo su estructura y la burocracia", había asegurado entonces Bolsonaro. Para eso envió al Congreso, a finales de 2019, el Plan Más Brasil (tres propuestas de enmiendas constitucionales: la 186, la 187 y la 189), que habilitaría el recorte del gasto público en todos los niveles de gobierno (reducción de la jornada laboral y salarios en 25%), modificaría una "regla de oro" de la Constitución de 1988 que impide contraer deuda para gastos corrientes y establecería un "pacto federativo" para descentralizar recursos hacia estados y municipios.

Fig 35. Presidente de Brasil, Jair Bolsonaro.

La pandemia pateó el tablero. Pero la tentadora opción de la autonomía para gobernadores y alcaldes fue opacada por la incapacidad a la hora de coordinar esfuerzos frente al coronavirus. Recién después del 22 de marzo, Bolsonaro se reunió con algunos de ellos, pero varios ya empezaban a diferenciarse. El gobernador de San Pablo, João Doria, y el de Río de Janeiro, Wilson Witzel, optaron por la cuarentena. El presidente del Senado, Davi Alcolumbre a quien el test dio positivo, también se pronunció a contramano del "no parar Brasil". De hecho, aseguró que la postura del Poder Ejecutivo de cortar el aislamiento era **"grave"**. A él se sumaron siete pedidos de impeachment contra el presidente en la Cámara de Diputados.

La naciente crisis puede detectarse en cada una de las medias y discursos del Gobierno desde la llegada misma de la pasajera del vuelo proveniente de Shangái. Por esos días, Bolsonaro voló a a la India, donde anunció 15 acuerdos y hasta llevó un arreglo floral al memorial de Gandhi. Desde ese momento hasta el 17 de marzo, día en que se conoció el primer fallecido por coronavirus en Brasil, el presidente dio a entender que la pandemia global no era un tema prioritario, que solo era una gripezinha y, en cambio, se reunió con el técnico del Flamengo, asistió a la inauguración de la programación de la señal Bandeirantes y a actos evangélicos, visitó a Donald Trump, se peleó con los medios por el asesinato de Marielle Franco, celebró 400 días de gobierno, anunció que Petrobras **"bajó"** el diésel 29,1%, la gasolina 30,1% y el gas 7,9% como si esto fuese producto de una política de Estado y no de la crisis del sector, caminó por las playas de San Pablo, alentó movilizaciones en todo el país en contra del Congreso y el Poder Judicial por una disputa acerca del presupuesto, habló de una posible invasión de venezolanos, dijo que el gobierno de Alberto Fernández era socialista, puso en duda la veracidad de los datos del virus difundidos por China y luego habló con Xi jinping.

En paralelo, sus funcionarios del área de Salud ofrecieron momentos de cinismo y otros con leves atisbos de preocupación. Hasta que se conoció el primer infectado en febrero, Bolsonaro se ocupó solo de dos acciones relativas al virus. La primera fue la firma del decreto N.O 10 211 para que el Ministerio de Salud tuviera autoridad para coordinar a los ministerios y demás organismos, lo que le permitió al presidente y ex capitán del Ejército correrse del frente de la pandemia. La segunda fue la llamada Operación Retorno (la repatriación de 34 ciudadanos brasileños varados en Wuhan con dos aviones de la Fuerza Aérea), que se concretó a mediados de febrero después de que el Congreso aprobara en tiempo récord de dos días un proyecto de ley enviado por el ministro de Salud Luiz Mandetta, no por el presidente que disponía los recursos para la cuarentena de los pasajeros y estipulaba medidas como el aislamiento y la restricción de ingresos al país a ser adoptadas en caso de una "emergencia en salud pública", pero que en concreto no se aplicó más allá de la repatriación. El día anterior habían dispuesto la Emergencia de Salud Pública de Importancia Nacional, pero ni esta ni la nueva ley dispusieron una cuarentena o cierre de las fronteras. En este escenario, un hombre de 61 años llegó desde Lombardía y recién días más tarde sería declarado el primer caso de coronavirus. Mientras se ampliaban los casos por el cambio en la detección, desde el Ministerio de Salud solo se dieron indicaciones para el carnaval como conducir sin beber o usar preservativo y el presidente deseó "buen carnaval para todos" en Twitter. Terminado el feriado, confirmaron el primer caso positivo. "Es otro tipo de gripe que la humanidad tendrá que atravesar", dijo Mandetta. Un día después llegaba al país, sin saberlo, quien iba a ser el segundo portador del virus.

A principio de marzo los casos confirmados ya llegaron a ocho, incluido un niño de 13 años. ¿Y el presidente? Recién llegado de Estados Unidos, donde se reunió con Trump, hizo un live en sus redes con el ministro Mandetta (tenían mascarillas porque su secretario de Comunicación, Fabio Wajngarten, y sus ministros de Seguridad Institucional, Augusto Heleno, y de Minería y Energía, Bento Albuquerque, que integraron la comitiva oficial, dieron positivo de coronavirus) donde habló de la caída del precio del petróleo y hasta llegó a preguntarle al ministro si el movimiento "espontáneo" convocado para el domingo 15 en contra del Poder Legislativo (por esos días discutían recursos del presupuesto) era un problema frente a la pandemia. Bolsonaro se respondió: "Lo que hay que evitar es que haya una explosión porque el sistema no la soporta". Nada de eso pasó.

El presidente no evitó, sino que alentó las manifestaciones y publicó fotos y videos de los convocados en distintos puntos del país, además de una foto suya haciendo un gesto ofensivo y el resultado negativo de su segundo test, que no publicó, junto a un llamado a "no creer en los medios". A la noche, en una entrevista a CNN Brasil, se contradijo en cada frase: "Temo lo peor, sí", pero "no estoy preocupado" aunque "no podemos entrar en una neurosis como si fuese el fin del mundo", acá "hay un interés económico para que se llegue a esta histeria" porque en "2009 y 2010 con un problema similar en tiempos del PT [Partido de los Trabajadores] y de los demócratas en Estados Unidos la reacción no estuvo ni cerca". Además, desafió al presidente de la Cámara de Diputados, Rodrigo Maia, y al del Senado, Alcolumbre, con quienes se enfrentó por el presupuesto, a que salieran a las calles como él. Recién después de estos episodios Bolsonaro comenzó a ocuparse más centralmente de la pandemia. En línea con Trump, habló de una vacuna para el coronavirus y después mencionó que la cloroquina sería una posible cura y, desoyendo a la agencia Anvisa encargada de las regulaciones sobre medicamentos, ordenó a las Fuerzas Armadas que la produzcan. "Se llama precaución", dijo Bolsonaro. La cuarentena nunca llegó y solo hubo medidas como la distribución de kits de diagnóstico y camas de las unidades de cuidados intensivos, fabricación de respiradores, ampliación del Bolsa Família, adelanto de una suerte de aguinaldo para jubilados, ampliación del Programa Mais Médico del que había expulsado a médicos cubanos, ayuda para PyMEs, pero también la liberalización de fondos que funcionan como seguros por desempleo. Bolsonaro intentó cambiar el tono en la conferencia de prensa en un live desde su casa que dio el 18 de marzo junto con Guedes y Mandetta todos con mascarillas, donde anunciaron medidas como por ejemplo un aporte a desocupados, y donde pidieron que se declare el "estado de calamidad pública" para aumentar el gasto público, y recién al día siguiente comienza a cerrar las fronteras con países vecinos. Las inconsistencias del Gobierno y el aumento exponencial de los casos detonaron en cacerolazos en distintas ciudades del país. Fue un signo de cómo iba mermando la popularidad presidencial, lo que se sumó a las tensiones dentro del Gobierno, con los otros poderes y con la prensa (por la decisión de limitar los pedidos de acceso a la información pública y la no declaración de cuarentena, que le valió la crítica de la Asociación Nacional de Diarios y de Periodismo de Investigación).

Cuando Brasil contaba con seis muertos, los puestos de salud regionales ya habían identificado la transmisión comunitaria y obligaron a que el Ministerio de Salud nacional reconociera la situación en todo el territorio nacional. Al cierre de este artículo, el país vecino había alcanzado los 163 fallecidos y 4 630 casos confirmados.

¿Cómo surgió el primer caso en el gigante suramericano?

Brasil confirma primer caso de coronavirus en Latinoamérica (Redacción digital, 26 de febrero de 2020)

El Gobierno brasileño confirmó el primer caso del nuevo coronavirus en Brasil y en Latinoamérica; se trata de un hombre que ingresó en la ciudad de Sao Paulo (sureste) desde Italia.

En una rueda de prensa, el ministro de Salud, Luiz Henrique Mandetta, confirmó el caso y aseguró que se trata de "un paciente que estuvo en Italia entre el 9 y 21 de febrero".

El hombre, de 61 años, empezó a sentir síntomas (fiebre, tos seca, dolor de garganta) compatibles con la enfermedad y el 25 de febrero fue ingresado en el hospital Albert Einstein de São Paulo.

Tras los resultados preliminares realizados por la unidad de salud, y de acuerdo con el Plan de Contingencia Nacional, el hospital envió una muestra al laboratorio de referencia nacional, el Instituto Adolfo Lutz, para que se realizara una contraprueba, que fue la que confirmó el caso. Según el ministerio, el paciente está bien, con síntomas leves, y recibió las orientaciones de precaución básicas.

Las autoridades sanitarias del estado y del municipio de São Paulo están identificando a las personas que tuvieron contacto con el hombre, con apoyo de la Agencia Nacional de Vigilancia Sanitaria y la compañía aérea que hizo el viaje entre Italia y Brasil.

El ministro resaltó que la confirmación del caso no cambia el estatus sanitario de Brasil, ya que el país ya había declarado el estado de emergencia nacional cuando aparecieron los primeros casos sospechosos, y para preparar la llegada de los brasileños repatriados de China.

Mandetta también quiso tranquilizar a la población resaltando que el nuevo coronavirus es una gripe que se comporta de manera más agresiva en personas de edad más avanzada, por lo que entiende que Italia haya tomado medidas más restrictivas porque tiene una población más envejecida, lo que no se da en Brasil. Además, resaltó la novedad que supone la llegada del virus a un país tropical en pleno verano, con altas temperaturas, un ambiente totalmente distinto al que se encontró en el hemisferio norte, donde encontró condiciones propicias para su expansión.

Hasta ahora, Brasil no tenía casos positivos de coronavirus, y el pasado domingo 23 de febrero el grupo de 58 personas que habían sido repatriadas desde China volvieron a sus casas tras pasar dos semanas en cuarentena en una base militar

Coronavirus en Brasil: "Perdí a mi esposo y a mi padre en dos días", la visita que terminó en una tragedia familiar por la covid-19 (BBC Brasil, 24 de abril de 2020) (fig. 36).

Fig 36. Foto antes de que su padre y su esposo murieran como resultado de la covid-19.

Una visita de sus padres el 12 de marzo marcó un antes y un después en la vida de la exenfermera Márcia Cristina dos Santos, de 50 años.

Los jubilados Adalgiza Gonçalves, de 80 años, y Benedito dos Santos, de 84 años, dejaron el pequeño municipio de Uraí, en el estado de Paraná, en el sur de Brasil, donde vivían, y fueron a Brasilia a visitar a su hija y yerno.

El viaje estaba programado desde hacía meses. El plan inicial era que pasaran unas semanas en la casa de su hija en la capital del país.

Márcia seguía las noticias sobre el nuevo coronavirus sin mucha preocupación.

A la fecha de la llegada de sus padres, en Brasil había 77 casos confirmados por el Ministerio de Salud, solo dos de ellos en el Distrito Federal.

No había registro de muertes en el país. En ese momento, no había pautas de las autoridades sobre aislamiento social o para que las personas evitaran viajar a destinos nacionales.

"Hasta entonces, el virus parecía algo lejano. Pensé que era algo que pronto pasaría", revela Márcia.

Después de los primeros registros, Brasil enfrentó un crecimiento exponencial de casos de Sars-Cov-2, el nombre oficial del nuevo coronavirus. Hasta el jueves (23 de abril), había más de 49.000 casos confirmados registros y 3.300 muertes, según el conteo de la universidad Johns Hopkins de Estados Unidos.

"No creía que iba a llegar al nivel donde llegaron las cosas. Al principio no estaba siguiendo las noticias, así que no tenía la dimensión del problema", dice Márcia, quien hace un año dejó la profesión de enfermera para dedicarse a la costura.

Su esposo, el sargento de la Policía Militar José Romildo Pereira, estaba más preocupado por el nuevo coronavirus. Trabajaba en la calle y temía llevar el virus a casa.

Desde los primeros registros en el país, comenzó a adoptar medidas como la higiene constante de las manos y no tenía contacto con su esposa antes de ducharse, después de regresar del servicio.

La familia tenía varios planes para los próximos meses. Márcia y José, que habían estado juntos durante 10 años, estaban disfrutando de la casa que habían construido recientemente (fig. 37).

En abril, él tomaría vacaciones hasta junio, que es cuando estaba previsto que se jubilara, después de 30 años de trabajo.

Fig 37. Márcia y el sargento José Romildo Pereira habían estado juntos durante una década y tenían muchos planes para el futuro.

Los planes, sin embargo, se truncaron por el nuevo coronavirus. A principios de abril, Márcia perdió a su esposo y padre.

Ella no pudo decir adiós o realizar un breve entierro, ya que también le diagnosticaron la covid-19, la enfermedad causada por el nuevo coronavirus. “Está siendo muy difícil. Todavía estoy anestesiada porque no parece cierto. Todo esto sucedió tan repentinamente”, le cuenta a BBC Brasil.

Los primeros síntomas

Cuatro días después de llegar a Brasilia, Benedito tuvo dificultades neurológicas, síntomas atribuidos al nuevo coronavirus.

"Mi padre comenzó a perder la noción del día y la hora. Nunca había estado allí. Mi madre y yo éramos unos extraños", recuerda.

A medida que pasaban los días, la situación empeoró. "Era muy diferente. Siempre fue una persona activa, pero estaba muy cansado y olvidadizo. Luego, comenzó a tener fiebre", dice Márcia.

En el mismo período, José también empezó con problemas de salud. "Tenía fiebre y estaba muy cansado", describe ahora su viuda.

El policía era diabético y tenía problemas pulmonares debido a complicaciones de salud de hace años. Ellos pensaron que los dos podrían tener una gripe fuerte. Los días pasaron y los síntomas empeoraron.

El 22 de marzo, Márcia llevó a su esposo al hospital. "Le diagnosticaron una gripe alérgica", dice. Desde los primeros síntomas, el sargento dejó de trabajar. La pareja regresó a la casa.

Durante ese período, el crecimiento exponencial de los casos de la covid-19 en Brasil comenzó a llamar la atención de Márcia y todos empezaron a usar máscaras. Para ese entonces ella ya consideraba que el coronavirus era una amenaza real.

El sargento siguió teniendo fiebre alta, incluso tomando los medicamentos recomendados después de la atención médica.

"El 26 de marzo, comenzó a tener síntomas peores, como dificultad para respirar, dolor pulmonar y tos muy seca. Lo llevé a la sala de emergencias y su saturación de oxígeno era muy baja", dice.

José fue hospitalizado con urgencia y llevado a la Unidad de Cuidados Intensivos (UCI). Los exámenes mostraron signos de neumonía, con características similares a las de la covid-19.

Después de dejar a su esposo en el hospital, Márcia regresó a su casa y se enteró de que los problemas de salud de su padre habían empeorado. "Llamamos a una ambulancia y lo acompañé al Hospital da Asa Norte (HRan), en Brasilia", comenta.

También se lo consideró un paciente sospechoso de la covid-19, debido a problemas respiratorios y a que una tomografía mostró deterioro de los pulmones. Márcia confiesa que lloró mucho cuando llegó a casa, después de ver a su esposo y padre en el hospital.

Desde el 27 de marzo, ella dejó de salir de la casa. Después de tener síntomas como cansancio, tos y falta de aliento, buscó atención y los médicos también la consideraron un caso sospechoso de la covid-19. Como resultado, tuvo que permanecer aislada.

En su propia casa, se encerró en su habitación para evitar el contacto con su madre. "Necesitaba proteger a mi madre porque es hipertensa e incluso podría morir si contrae el virus", afirma.

La madre fue la única de los cuatro que no mostró síntomas de la covid-19. "Mi madre nunca dio muchos abrazos o besos, así que creo que eso le impidió contraer el virus", dice.

Los resultados de las pruebas de Márcia, José y Benedito fueron positivos para Covid-19. "No sabemos quién se contagió primero y se lo pasó a los demás. Puede haber sido mi padre, durante el viaje, mi esposo durante el trabajo, o incluso yo en algún momento cuando salí de casa. Es difícil saberlo", enumera Márcia.

Las muertes del padre y el marido

Sola, dentro de la habitación que compartía con su esposo, Márcia vivió días angustiantes esperando respuestas sobre la salud de sus seres queridos. El 2 de abril, se sorprendió cuando recibió mensajes de condolencia en las redes sociales. "Me pareció extraño, pero luego me enteré por televisión: confirmaron la muerte del sargento que ingresó en el hospital. Era mi esposo. Primero le dijeron a la prensa", se lamenta.

¿Qué cambia en Brasil con la entrada en la fase 3 de la pandemia de Covid-19?

Durante el período en que estuvo hospitalizado, el sargento tuvo un derrame cerebral hemorrágico, parada cardiopulmonar y falla orgánica múltiple.

Ella confiesa que reprimió la angustia al enterarse de la muerte de su esposo y permaneció en silencio.

"No podía llorar frente a mi madre. No quería que lo supiera, porque no podía apoyarla en ese momento", describe.

Márcia fue al baño, abrió la ducha y lloró largamente por la pérdida de su esposo. "Lloré suavemente. Fue muy difícil contener el dolor", asegura.

Dos días después, otra triste noticia: su padre tuvo un paro cardíaco y no pudo resistir.

"Otra vez fui a la ducha y comencé a llorar. En ese momento, estaba segura de que la próxima sería yo".

A pesar de sentir dolor en su cuerpo, falta de aire y fiebre, no quería ser hospitalizada. "No quería dejar sola a mi madre", dice. Los tres hermanos de Márcia viven en Paraná.

José y Benedito fueron enterrados en los días posteriores a su muerte. Los funerales fueron breves. Estaban en ataúdes sellados, según lo determinado por la Agencia Nacional de Vigilancia Sanitaria (Anvisa).

Una de las tres hijas de Márcia, todas de su primer matrimonio, y otros miembros de la familia ayudaron a organizar los funerales.

"No podía seguir el ritmo de nada. Estaba en mi habitación, como una reclusa", lamenta Márcia. En la habitación de su casa, alternaba entre momentos de incredulidad y otros de llanto silencioso.

Después de 15 días de aislamiento, Márcia se consideró recuperada. Sin síntomas, dejó la habitación el 13 de abril.

"Lo primero que hice fue decirle a mi madre. Ella estaba tan incrédula como yo. Estamos muy tristes por todo esto. Pero parece que aún no ha caído en la cuenta de lo que pasó. No nos gusta llorar frente a la otra", dice Márcia.

Cuando la crisis pandémica se calme, planea llevar a su madre de regreso a Paraná. "Lo haré en unos meses. Por ahora, ella pasará el aislamiento conmigo", dice.

"Una está cuidando de la otra. Es como si estuviéramos posponiendo el duelo. Sufrimos cuando estamos solos. Fue la forma que encontramos para lidiar con esto", comenta.

Ella es evangélica y afirma que se aferró a la fe para enfrentar las pérdidas. "Independientemente de la religión, creo que la fe es muy importante en momentos como este", señala.

Lo más difícil para Márcia, desde la muerte de José y Benedito, ha sido la nostalgia.

"Mi esposo era un hombre increíble. Éramos muy felices. Planeábamos comenzar a viajar mucho después de su retiro. Nuestra vida fue muy buena", recuerda.

"Mi padre también era un hombre increíble. Hizo todo por sus hijos y me enseñó muchas cosas", dice.

Después de las pérdidas, Márcia le pide a las personas que se den cuenta del cuidado que hay que tener con el coronavirus.

"Es mucho más grave de lo que pensaba. La gente necesita usar máscaras y lavarse las manos. Nunca se sabe lo que sucederá en tu cuerpo cuando te contagia el virus. Es importante tener cuidado, no solo por una, sino también por los demás", resume Márcia.

Casos como estos nos dan una idea de cómo puede destruirse una familia en medio de un desorden social e inhumano como el que se desarrolla en Brasil

Coronavirus en Brasil

(AFP, 24 de abril de 2020)
Las frases del presidente Jair Bolsonaro que han marcado el impacto de la pandemia en brasil, el país más golpeado de américa latina **"¿y qué? lo siento. ¿qué quiere que haga? soy mesías (su segundo nombre), pero no hago milagros"**, dijo el mandatario. (Fig.38).

Brasil se prepara para afrontar una situación similar a la de Estados Unidos o Italia.

Fig. 38. Jair Bolsonaro, presidente de Brasil se presenta con mascarilla.

Rara vez dos palabras provocaron semejante revuelo. El "¿Y qué?", soltado por el presidente Jair Bolsonaro a un periodista que le pedía su opinión sobre el hecho de que el coronavirus hubiera superado entonces los 5000 muertos en Brasil causó una gran indignación en el país.

La fría respuesta provocó críticas durante toda la semana de gobernadores, dirigentes políticos, profesionales sanitarios y periodistas, indignados por la falta de empatía del presidente.

Bolsonaro está acostumbrado a las polémicas. Pero esta vez sus declaraciones suscitaron estupefacción y furia, porque su país afronta un crecimiento imparable de casos de la covid-19 y se encamina al pico de la epidemia, que podría superar las previsiones más pesimistas.

Con más de 91 500 casos confirmados, pero según científicos con entre 15 y 20 veces más, Brasil se prepara para afrontar una situación similar a la de Estados Unidos o Italia, en un momento en que la enfermedad ya supera las 6 300 muertes.

"¿Y qué? Lo siento. ¿Qué quiere que haga? Soy Mesías (su segundo nombre), pero no hago milagros", dijo el mandatario derechista el martes por la noche al periodista que le mencionó la cifra de fallecidos en Brasil, que supera a la de China.

Wilson Witzel, el gobernador del estado de Río de Janeiro, una de las zonas más castigadas, criticó a un presidente que "ironiza sobre los muertos" en lugar de "ser un líder en un momento así".

"Póngase a trabajar", dijo Witzel en un tuit dedicado al presidente el miércoles, el mismo día en que el mandatario, un excapitán del ejército y proarmas, se entrenaba en un club de tiro, aparentemente ajeno a la situación de los 210 millones de brasileños.

La "burbuja" de Brasilia

Joao Doria, el gobernador del estado de São Paulo, el más afectado por la epidemia con 2511 muertos, también contestó a Bolsonaro. "Salga de su burbuja de Brasilia", dijo, y aconsejó al presidente que vaya a visitar los hospitales de un país "que llora a sus muertos y sus enfermos".

A diferencia de muchos de sus homólogos extranjeros que afrontan la misma crisis, el mandatario derechista no ha acudido a ningún hospital ni ha mostrado su solidaridad hacia las víctimas o el personal sanitario, agotado por la lucha contra la enfermedad y la escasez de personal y de material.

El presidente del Sindicato de Médicos de Sao Paulo, Eder Gatti, pidió en TV Globo "una postura más seria por parte de un presidente de la República".

Bolsonaro "muestra muy poca sensibilidad hacia las tragedias que viven las familias directamente afectadas por la pandemia", dijo a la AFP Lucio Renno, director del Instituto de Ciencias Políticas de la Universidad de Brasilia.

"Su estilo es la mano de hierro, ser duro, mucho más que ser solidario y empático", explicó. Un estilo que recuerda al de su modelo, el presidente estadounidense, Donald Trump.

Ese tipo de reacciones "es chocante para una parte significativa de la población" y, "para gran parte de las élites y de la población brasileñas, refuerza la creencia de que no es apto para gobernar", añadió Renno.

Miriam Leitao (escribió), editorialista del diario O Globo, está convencida de que "Bolsonaro ha renunciado a la presidencia" con su "¿Y qué?".

"Quien demuestra tanto desprecio por su propio pueblo ya no ejerce la presidencia".

"Castigado por la historia"

Para defenderse, según un método habitual desde el principio de su mandato, Bolsonaro decidió atacar a gobernadores y alcaldes a los que el Tribunal Supremo ha dado autonomía para tomar sus propias decisiones en la lucha contra la pandemia.

"Pregunten a Joao Doria o a (Bruno) Covas (alcalde de São Paulo) por qué sigue muriendo gente, aunque tomaron medidas tan restrictivas", declaró el presidente. "Ellos son quienes deben responder, no me echen la culpa a mí".

Sin embargo, la prensa brasileña destacó la "responsabilidad" en el aumento de los casos de Bolsonaro que, en aras de mantener el empleo, alentó a los brasileños a volver a salir y animó a sus más fervientes partidarios a desfilar en las calles contra el confinamiento.

El "¿y qué?" de Bolsonaro "muestra lo poco que le importa la situación", consideró el politólogo André Pereira César en una carta. "Si el presidente no asume el liderazgo del combate contra el nuevo coronavirus, acabará siendo castigado por la historia y por el electorado".

Tal vez Bolsonaro no se contagie con el coronavirus y claro no nos alegraríamos si esto pasa, pero lo que sí se puede afirmar con absoluta seguridad es que la historia no lo perdonará, porque está claro que no es el mesías, pero el mesías le pasará la cuenta en su debido tiempo.

El ministro de Salud de Brasil dimite en plena crisis sanitaria Val Nelson Teich (Fig. 39), ministro de salud, quien solo llevaba 28 días en el cargo renuncia con la pandemia en su cima, pues el país, el sexto con más casos en el mundo, ya supera los 14 000 muertos.

Fig 39. El exministro de Salud brasileño Nelson Teich (Reuters, Adriano Machado, 16/05/2020).

El Gobierno de ultraderecha brasileño concluye la semana con una nueva crisis política. Después de un nuevo récord de muertes por coronavirus (14 000 muertos, sexto con más casos en el mundo), Nelson Teich, ministro de Salud, que tomó posesión hace 28 días, presentó su dimisión. Teich, un oncólogo que había construido su prestigio en el ámbito de la medicina privada, llegó al cargo en reemplazo de Luiz Henrique Mandetta, quien, al defender la cuarentena social provocó la ira del presidente.

Al igual que su antecesor, Teich decidió abandonar su puesto por dos razones convergentes: nunca terminó de entender el funcionamiento de la salud pública y, a la vez, comprobó que era insostenible la relación con el capitán retirado. La única certeza a la que llegó el ministro renunciante es que Brasil se acerca a un desastre por la pandemia.

El último chispazo entre Teich y Bolsonaro estuvo relacionado con el uso de la cloroquina para el tratamiento de los infectados. El presidente defiende a capa y espada la utilización de ese medicamento a pesar de que no se ha comprobado ningún efecto en la lucha contra la enfermedad.

De acuerdo con la prensa brasileña, el general Eduardo Pazuelo, a quien Bolsonaro había colocado como segundo de Teich, podría quedarse al frente. Otro candidato citado es el contralmirante Luiz Froes, director de salud de la Marina. De confirmarse cualquiera de esos dos nombramientos se ampliaría la presencia castrense dentro del Gobierno. Nueve de sus 23 ministros son militares. A la vez, las Fuerzas Armadas tienen representación en otros puestos estratégicos de la Administración. Bolsonaro ve perplejo cómo se desarma su coalición. Semanas antes dimitió Sergio Moro como ministro de Justicia en rechazo al intento presidencial de intervenir a la Policía Federal para evitar que investigara a sus hijos.

Brasil enfrenta la pandemia bajo un gobierno de fuerte corriente neoliberal, autoritario y corrupto que se desborona cada vez más con la renuncia de sus ministros y que no tiene ni la menor intención de ayudar a la clase oprimida, y con la amenaza de convertirse en el epicentro de la pandemia mundial.

México, el neoliberalismo y el coronavirus
El neoliberalismo en méxico

Es en el período presidencial de Miguel de la Madrid (1982-1988), cuando se inicia la aplicación estrategica del neoliberalismo con la venta y privatización de las primeras empresas paraestatales 1; desmantelamiento, que abarca el régimen de Carlos Salinas de Gortari (1988-1994) y el de Ernesto Zedillo (1994-2000).

López Obrador: El sistema neoliberal moribundo dejó a México sin médicos; FDR (Franklin Delano Roosevelt) ofrece la alternativa. 10 de abril de 2020. El presidente de México, Andrés Manuel López Obrador (fig. 46), insistió en repetidas ocasiones esta semana que la pandemia del coronavirus es la demostración del fracaso del sistema económico **"neoliberal"** de las pasadas décadas y que deben adoptarse nuevas políticas. En un discurso que dirigió a la nación, el domingo 5, y también en su conferencia de prensa matinal al día siguiente, citó a Franklin Delano Roosevelt como modelo alternativo para el momento actual.

Hizo hincapié en el caso del sistema nacional de salud mexicano. México tiene 6425 camas de cuidados intensivos, con respiradores y personal especializado para manejarlos, y las fuerzas armadas tienen la tarea de preparar otras 1399, informó AMLO [siglas que usa el presidente de México para darse a conocer] en su discurso a la nación. Eso lleva el total de camas de cuidados intensivos en México a un poco más de 7 900; eso en un país de más de 128 millones de personas.

Se han solicitado unos 5000 respiradores más, sin embargo, la falta de médicos de cuidados intensivos especializados en el uso de estos respiradores es un problema grave. En general, México no tiene suficientes médicos, señaló López Obrador, y ahora el país hace frente a esta pandemia solo "con alrededor de mil especialistas en terapia intensiva y que requerimos, en una situación crítica vamos a necesitar hasta 10 000".

"De esas dimensiones es el fracaso de la política neoliberal, ese es uno de los saldos más nefastos de la política que se impuso durante 36 años", dijo AMLO. "Por eso sorprende que haya, sobre todo escritores, periodistas, que defiendan el modelo neoliberal, a pesar del evidente fracaso, porque esto no es nada más un asunto ideológico o político, es de juicio práctico. ¿Por qué no tenemos los médicos?, ¿por qué no tenemos los especialistas"?

Luego en la conferencia de prensa, López Obrador señaló a los dos paradigmas que rivalizan hoy a nivel mundial:

"Estamos pensando qué va a ser un modelo a seguir...porque lo que estoy viendo es que se está derrumbando el modelo neoliberal, porque eso es lo que está pasando, o sea, el coronavirus precipitó la caída de un modelo fallido, por eso la crisis mundial en todo sentido".

"No es posible que afecte tanto una pandemia en lo económico, en lo social... porque resulta que, entre otras cosas... se dejó de invertir en lo social, se privatizó la salud. Hay países que no tienen servicios públicos para la población, a ellos les pega más".

"Es una contradicción, un absurdo el que se quiera enfrentar esta crisis con las mismas recetas de siempre", continuó "tiene que haber cambios. ¿Qué hizo el Presidente Roosevelt en una situación así y es un modelo? Reactivar la economía con inversión, empleo a todos, les daba salario mínimo a todos, sobre todo a los jóvenes, reactivar la industria de la construcción y así levantó a Estados Unidos y le devolvió la tranquilidad, la felicidad a su pueblo. Un gran presidente. Entonces, ¿por qué no hacer lo mismo ahora"?

Ni mascarillas ni papel higiénico, López Obrador se encomienda a Jesús para afrontar coronavirus

Fig 40. Presidente de México se reúne con adolescentes.

El mandatario Andrés Manuel López Obrador, suele cargar contra el capitalismo a ultranza y asegura que es el responsable de muchas calamidades y pobreza en su país. "Fue un rotundo fracaso, sobre todo por el daño moral que causó".

Ciudad de México. Las compras de pánico de cubre bocas y papel higiénico por el avance del coronavirus en el mundo son producto de la manipulación del neoliberalismo, aseguró el miércoles el presidente mexicano, quien prefiere encomendarse a Jesús.

AMLO, como se conoce popularmente al mandatario Andrés Manuel López Obrador, suele cargar contra el capitalismo a ultranza y asegura que es el responsable de muchas calamidades y pobreza en su país. "Fue un rotundo fracaso, sobre todo por el daño moral que causó".

Prueba de ese perjuicio en México y en otras naciones es el extendido uso de mascarillas, dijo López Obrador, criticado por sus adversarios de estar siendo poco contundente para evitar la propagación del coronavirus en su país, donde los afectados suman 93.

"Estamos tranquilos, pero vamos a estar más tranquilos", afirmó al anticipar que en pocos días anunciará medidas para contrarrestar la difícil situación.

"La dura carta de médicos residentes de tlalnepantla a la secretaría de salud "al fin y al cabo ya estábamos infectados":

Los médicos que dieron positivo a COVID-19 en el Hospital General Regional No. 72 del IMSS extendieron un documento donde proporcionan su versión de los hechos ante el brote de coronavirus en las instalaciones Compartir en Facebook Compartir en Twitter.

Los médicos residentes no fueron tomados en cuenta para diagnosticar posibles casos de coronavirus en la unidad médica porque son "médicos en formación".

Debido a la crisis sanitaria desatada por el coronavirus en el mundo, distintos instituciones de salud en casi 200 países manifestaron su experiencia con la finalidad de mejorar el servicio a la población y, al mismo tiempo, poder garantizar su integridad por medio de medidas preventivas de bioseguridad. Tal es el caso del Hospital General Regional No. 72 en Tlalnepantla de Baz, Estado de México, donde al menos 20 empleados del sector salud de esa unidad del Instituto Mexicano del Seguro Social (IMSS) fueron infectados de la covid-19.

Ante esta situación, este jueves 9 de abril, la Asamblea Nacional de Médicos Residentes publicaron una carta dirigida a Jorge Carlos Alcocer Varela, titular de la Secretaría de Salud (SSa), y con atención especial a Hugo López-Gatell, subsecretario de prevención y promoción de la salud. Cuando se difundió la noticia del brote en el hospital, Zoé Robledo, director general del IMSS, anunció durante la conferencia matutina del pasado 8 de abril en el Palacio Nacional, que los casos de la covid-19 sí son ciertos, pero que estos no ocurrieron dentro del área para atender los casos de coronavirus.

Carta de médicos residentes y de pregrado del Hospital General 72 del IMSS en Tlalnepantla.

"El brote no fue hospitalario: se tomaron todas las muestras a todos los doctores con todos los estudios de contacto y, efectivamente, hay 20 doctores confirmados, pero no porque se hayan iniciado ese brote en el hospital", aseguró el director.

Robledo Aburto explicó que tras enterarse de los posibles casos, el instituto abrió tres líneas de investigación para saber el origen del contagio y concluyó que "el virus vino de fuera".

El documento abierto al pueblo de México tiene el objetivo que se dé a conocer la "petición de los Médicos Residentes y Médicos Internos de Pregrado del Hospital General Regional No. 72 del IMSS, ante situación de contingencia por la covid-19 y el inicio del brote en el área infectada".

El escrito plantea que en un principio, el Hospital General No. 72 fue elegido por la institución como Unidad Médica de Segundo Nivel. Esto quiere decir que en esas instalaciones se tenía que habilitar un espacio específico y controlado para recibir y atender a los pacientes probables o confirmados con la covid-19. El personal (médicos, enfermeros, administrativo) debería de estar capacitado específicamente para el problema epidémico, así como tener los insumos adecuados para establecer medidas de bioseguridad que garanticen su integridad (cubre bocas N95, gel antibacterial, google, mascarillas, toallas desinfectantes, etcétera) (Fig.41).

Fig 41. Médicos solicitan insumos que garanticen su bioseguridad ante la covid-19.

También narra que el 24 de marzo ingresó a las instalaciones médicas una paciente mayor de 60 años con antecedentes de diabetes, hipertensión y un "aparente cuadro respiratorio secundario a Fibrosis Pulmonar por Artritis Reumatoide".

La mujer fue atendida por un médico residente, actualmente positivo a la covid-19, quien tuvo que realizar maniobras avanzadas de vía aérea sin ningún equipo de protección.

Los médicos residentes reportaban los casos como sospechosos. Sin embargo, fueron ignorados por ser etiquetados como "médicos en formación". Cuando empezaron a presentar síntomas similares a los de la covid-19, las autoridades inmediatas del IMSS se limitaron a canalizar a los que "realmente" se sintieran muy mal a sus unidades médicas familiares correspondientes para ser valorados, medida que derivó en un ausentismo laboral inmenso, pues de acuerdo con lo reportado en la carta, la clínica solo contaba con un médico para 85 pacientes (Fig.41).

Tras insistir en aplicar los análisis pertinentes, el 30 de marzo, el IMSS permitió que entre los mismos residentes se tomaran muestras de exudado faríngeo. Cabe mencionar que para este momento 75% de los médicos residentes ya presentaban sintomatología de coronavirus y que la precariedad para tomar las muestras fue inmensa, pues las realizaron sin ningún equipo de protección, porque "al fin y al cabo ya estábamos infectados y estaban gastando recursos valiosos para nosotros".

Cuando recibieron los resultados pudieron confirmar que 19 de los 26 residentes y tres internos dieron positivo a la covid-19. Por tal motivo, los médicos agraviados lamentaron que la institución no reconozca los problemas derivados de un mal diagnóstico y tratamiento. Al mismo tiempo, solicitan respeto a su condición actual, los insumos necesarios para poder ejercer la medicina sin peligro y una disculpa pública por parte del director general del IMSS, Zoé Robledo.

Casos como lo sucedido a este grupo de médicos trabajando desprotegidos y sin descanso contra esta enfermedad sin rostro son episodios trágicos que se han ido sucediendo a lo largo de los relatos de este libro, que deja una constancia histórica del grado de sacrificio de tantas personas públicas y anónimas que han dado su vida y su bienestar por salvar y ayudar a los demás.

CRISIS DEL SISTEMA DE SALUD

Con tres palabras el Gobierno de México define el estado del sistema de salud en el país: "Es un desastre". (New Mundo, Alberto Najar, BBC, 14 de abril de 2020) (fig. 42).

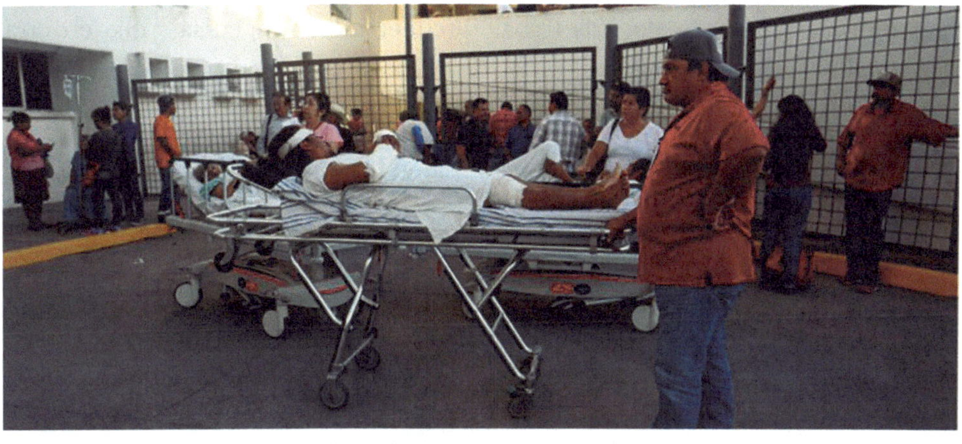

Fig.42 Crisis en el sistema de salud (14 de abril de 2020).

En varios momentos, el presidente Andrés Manuel López Obrador y el secretario de Salud, Jorge Alcocer Varela, se refieren a la situación que encontraron al asumir el gobierno hace 16 meses, con irregularidades en la compra de medicamentos, hospitales abandonados y muerte de personas por problemas en los servicios sanitarios.

Un problema que en la actual pandemia de coronavirus ha hecho más difícil atender la emergencia, reconoce el presidente.

"Nos dejaron el sistema de salud en el suelo" dijo en su conferencia de prensa matutina el 31 de marzo.

Parte del problema es que los gobiernos anteriores dejaron cientos de hospitales inconclusos, lo cual obligó a las autoridades sanitarias a establecer un plan de emergencia para cubrir las carencias.

La estrategia consiste, por ejemplo, en posponer cirugías y tratamientos no graves y utilizar esos espacios para atender casos de coronavirus.

Pero es una parte de la crisis. La otra es que por el desastre en el sistema de salud se descuidó la formación de especialistas.

Las consecuencias se notan en la actual pandemia, insiste López Obrador

"Nada más imagínense, en esta crisis no tener los médicos, no tener los especialistas que requiere el país. Fueron unos insensatos, irresponsables, corruptos". "Por eso nos está costando más trabajo atender la contingencia", dijo en otra reunión con periodistas.

Médicos cubanos

De acuerdo con especialistas el sistema de salud mexicano vive una de las peores crisis de su historia.

Y en esta contingencia sanitaria el problema agudiza la crisis y obliga a las autoridades a adoptar medidas emergentes.

Por ejemplo, el presidente López Obrador ordenó utilizar hospitales militares para atender casos de coronavirus. La medida se aplicará en el caso de que la demanda rebase a las instalaciones civiles.

También solicitó ayuda al gobierno de Cuba para que envíe médicos y especialistas de terapia intensiva para ayudar en la emergencia.

Un primer grupo llegó a México el lunes 6 de abril, aunque su función no es atender pacientes sino hacer recomendaciones **"en materia de política pública"**, informa la Secretaría de Relaciones Exteriores (SRE).

Otra de las consecuencias del **"desastre"** es que se pospuso la construcción de nuevos hospitales. Los recursos se utilizarán para terminar las instalaciones inconclusas, afirma López Obrador.

Parte de esa tarea se asignó a la Secretaría de la Defensa Nacional. La razón, dice el presidente, es evitar el desvío de fondos públicos en la tarea.

La corrupción es una de las razones del desastre en el sistema de salud

De hecho el monto de las irregularidades que encontró el actual gobierno supera a escándalos internacionales como el caso Odebrecht, calificado por el gobierno de Estados Unidos como uno de los mayores escándalos de corrupción en la historia reciente.

Los sobornos de la constructora brasileña implicaron más de 780 millones de dólares. Las irregularidades en el sistema mexicano de salud superan los 3000 millones de dólares, según datos oficiales.

Es la suma de los desvíos con facturas falsas en la compra de insumos médicos, la inversión para rehabilitar hospitales abandonados y el dinero que se utilizaba para comprar medicamentos a unos cuantos hospitales.

Por eso la crisis, explican autoridades. "Encontramos una situación de desastre" le dice a BBC Mundo Hugo López-Gatell, subsecretario de Prevención de la Secretaría de Salud.

"Contrario a lo que se comentaba en administraciones pasadas como una visión optimista, nuestro sistema ha acumulado en las últimas tres o cuatro décadas un enorme rezago en aspectos fundamentales para garantizar el derecho a la protección de la salud".

Un ejemplo de este rezago son los 327 hospitales, clínicas y centros de salud que están abandonados o a medio construir, según datos de la Secretaría de Salud.

Muchos se construyeron en lugares no adecuados, como cañadas o en terrenos inestables, dijo el presidente Andrés Manuel López Obrador.

En otros casos el proceso de edificación fue deficiente y tras el sismo de septiembre de 2017, ya no fue posible volver a ocuparlos.

También hay hospitales especializados construidos en poblaciones donde no se necesitan, o muy apartados de la zona donde se encuentra la población que deberían atender.

La decisión de instalarlos allí no fue por una planeación o estrategia sanitaria, asegura Mario Luis Fuentes, director de la Organización México Social y exdirector del Instituto Mexicano del Seguro Social (IMSS).

"Una gran cantidad de hospitales se construyeron por razones políticas" dice a BBC Mundo. "Realmente no tienen infraestructura, equipamiento humano ni recursos".

El Secretario de Salud cree que también hubo corrupción en la construcción de los hospitales ahora abandonados.

"Son escandalosos monumentos de la incompetencia, la corrupción y el tráfico de influencias", afirma Alcocer Varela.

Para rehabilitar los hospitales abandonados el gobierno federal invertirá 17 000 millones de pesos, unos 800 millones de dólares.

Otro problema es el sistema de compra y distribución de medicamentos, que según las autoridades se concentró en unos cuantos proveedores.

Los medicamentos se compraban con sobreprecio, y en muchos casos la inversión pública no garantizaba la disponibilidad de los productos afirma el presidente López Obrador.

"No había abasto, comprando a tres, cuatro o hasta diez veces más el valor real de un medicamento. Había políticos vendiendo medicinas o protegiendo a distribuidores de medicinas" dijo en su conferencia de prensa matutina del 3 de marzo.

Desde el año pasado el Gobierno mexicano cambió el sistema para comprar medicamentos, e inclusive suspendió convenios con quienes fueron proveedores de otros gobiernos.

En promedio, el presupuesto para adquirir los productos es de 70 000 millones de pesos anuales, unos 3 000 millones de dólares. Muchas de las compras fueron irregulares, reconocen autoridades.

La decisión causó problemas en la disponibilidad de algunos productos, como medicinas para atender VIH o para tratamientos de cáncer.

El Presidente, advirtió de un boicot de los distribuidores y ordenó comprar los medicamentos en el extranjero.

Pero estas no son las únicas irregularidades en el sistema de salud mexicano. Un estudio de la organización "Justicia Justa" reveló que desde hace décadas existe una práctica cotidiana de comprar equipos médicos, contratar servicios y adquirir medicinas a través de empresas consideradas "fantasma".

En esa revisión "Justicia Justa" encontró desvíos por más de 4 179 millones de pesos, unos 190 millones de dólares, justificados en el presupuesto fiscal con facturas falsas.

Sin embargo, al mismo tiempo en que se reducía el presupuesto en el sistema público de salud, en el país aumentó la inversión privada en el sector.

En el menor de los casos los sustitutos privados han sido pequeñas aventuras empresariales en nichos muy específicos de servicios auxiliares, pero sin tener la capacidad de aislarse como un todo. Ese es el desastre que encontramos.

Morir en tiempos de coronavirus: cuando se complica dar el último adiós

Cuando alguien muere por la covid-19 se sugiere que sea cremado, que su velación dure como máximo cuatro horas, que se evite cualquier contacto físico. Ante ello, las funerarias ofrecen ceremonias virtuales. lunes 04 mayo 2020

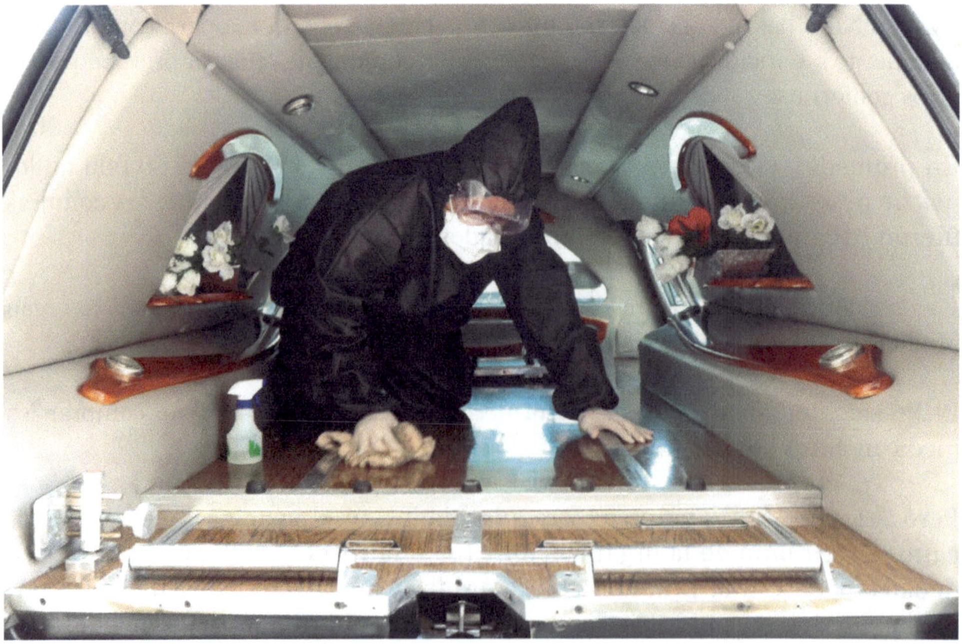

Fig 43. En tiempos de la covid-19, las funerarias protegen a su personal para evitar la propagación de contagios.

El coronavirus cambió hasta la forma de morir de las personas. En México se acostumbra que cuando alguien fallece, el cuerpo del difunto sea velado durante horas por familiares y amigos que comparten abrazos con los deudos. Ya en el panteón suele haber hasta bandas musicales.

Pero en tiempos de la covid-19 esto no sucede más. Hoy quien pierde la vida por esta enfermedad, se sugiere que sea cremado, que su velación dure máximo cuatro horas y que se evite cualquier contacto físico.

Las funerarias se han preparado para atender esta nueva realidad mediante la higienización de los espacios, para quien requiera un servicio o a través de velaciones virtuales y homenajes póstumos.

Empresas que ofrecen servicios funerarios como J. García López y Olimpia Agencia Funeraria explicaron a Expansión Política cómo se han preparado para garantizar un adiós digno a quien perdió la vida a causa del coronavirus por medio de servicios virtuales y de conservación de cuerpos, además dieron tips para evitar ser víctimas de **"coyotes"** que ofrecen hasta violar la ley a cambio de dinero.

Óscar Padilla, de la funeraria mexicana J. García López, explicó que la situación que se atraviesa a causa del coronavirus que hasta ahora ha dejado más de 1500 muertes en México, solo comparable con el escenario tras los terremotos de 1985 y 2017, donde horas después del movimiento comenzaron a salir más y más cuerpos.

A diferencia de esos episodios, hoy se tiene que proteger aún más a los encargados del traslado y tratamiento de quienes fallecen por coronavirus, a ellos se les dota de un equipo de protección especial que los cubre de pies a cabeza para evitar que en la realización de su trabajo puedan resultar contagiados. Utilizan trajes herméticos, google, cubre calzado, guantes, cubre bocas, mascarillas N95, y productos desinfectantes.

Roberto García, director comercial de Olimpia Agencia Funeraria, una empresa mexicana fundada en 1957, explica que a partir del 10 de abril comenzaron a llegar las solicitudes para brindar el servicio funerario a quienes murieron por la covid-19 y en la primera semana atendieron alrededor de ocho personas, pero este número se ha incrementado todos los días.

El Presidente de México recibió la presidencia después de décadas de desbastación del país por gobiernos neoliberales que con la intensa privatización en particular la salud ha quedado totalmente debilitada y el propio gobierno actual ha definido la salud en tres palabras: ***"Es un desastre"****. Aparejado además a que la administración no le ha dado a las medidas de control de la pandemia la atención requerida.*

Gloria a todo el personal que en el país sacrifica su vida y su bienestar por la ayuda solidaria a los demás.

CHILE

El neoliberalismo y su colapso

Luego del retorno a la democracía, fueron cediendo a las imposiciones del Fondo Monetario Internacional (FMI) y otros cayeron en manos de las dictaduras militares. América Latina se arruinó con esta ideología, la que se aplicó bien por las armas o por la imposición del FMI. Un ejemplo de ello es la dictadura de Pinochet, surgida en la década del ochenta del pasado siglo (Fig. 44).

Fig. 44 Augusto Pinochet.

Crisis creada por los estudiantes

Es evidente que el neoliberalismo está sucumbiendo en Chile, solo la contumacia presidencial le mantiene en pie. Pero de mantenerse, esta acarreará la ruina no solo del modelo neoliberal, sino también del capitalismo. La economía chilena tambalea, la recaudación del IVA en octubre bajo en 29% la venta de calzados, vestuario; y en automóviles a 50% y octubre solo tuvo 12 días de convulsión social. Puede darse la paradoja histórica de un golpe empresarial contra un gobierno de derechas.

Millones de chilenos protestan desde la capital a la más pequeña localidad contra el neoliberalismo, bien cabe preguntarse entonces, "¿qué es el neoliberalismo?".

En los años setenta el capitalismo a nivel global entró en una severa crisis económica que se desarrollaba a partir de tres situaciones:

1. El gigantesco aumento de dólares en el mundo, dado que los stadounidenses empezaron a imprimir su moneda sin control alguno como forma de financiar la guerra de Vietnam y los mayores precios del petróleo. Esto fue una verdadera estafa al mundo. Había que llevar esos dólares a algún lugar para evitar que los bancos quebraran, ese es el origen de la deuda externa en América Latina.

2. La crisis política desatada en el tercer mundo, ante la lucha de los pueblos por evitar la continuación del saqueo imperialista a sus economías, lo cual se expresó en Chile mediante la nacionalización del cobre.

3. Una fuerte caída en la tasa de ganancia en las transnacionales, que requerían nuevos mercados donde vender y comprar materias primas más baratas. Esto es lo que en las periferias se nos vendió como ventajas comparativas.

La tendencia histórica a la caída de la tasa de ganancia del capital como producto de la competencia, entre las distintas empresas es la causa de la globalización. Como se requería llegar a nuevos lugares donde comprar más barato y vender los productos sin mercado el mundo debía hacerse un mercado global: la globalización había partido.

Esa crisis dio origen a la globalización y esta se lleva adelante en la versión extremista del capitalismo, conocida como neoliberalismo. En América Latina el neoliberalismo se impuso por medio de crueles dictaduras que causaron miles de asesinatos, detenciones y desapariciones, legiones de exiliados, cientos de campos de concentración, etcétera.

En Chile, los gobiernos de centro izquierda engañaron sistemáticamente a su electorado, con políticas clientelares que encubrían el modelo. Ricardo Lagos y la señora Bachelet fueron protagonistas de esto, ambos tienen ahora patrimonios personales que están muy lejos de un par de profesionales de clase media baja, que eran al comienzo de la transición democrática.

En Chile se formó una casta política, que en gran medida se sitúa en el parlamento, en el que por si y ante si se asignan sueldos millonarios.

Este mundo que se concebía como la estación terminal del desarrollo de la humanidad, se encuentra a la puerta de una hecatombe ecológica, Todo indica que Chile fue la cuna y será también la cripta del neoliberalismo.

Con 1300 millones de seres humanos viviendo con menos de un dólar diario, de ellos 843 000 son chilenos, otros 810 millones sufren hambre o desnutrición crónica, las 225 personas más ricas del mundo tienen un patrimonio superior a las 2500 millones de personas más pobres.

Santiago De Chile

(AFP, Ernesto Vale, 16 de noviembre de 2019)
Lo que está ocurriendo en Chile trajo a mi memoria un documental de Patricio Guzmán titulado **"La batalla de Chile"**, estrenado en el cine Arkadín de la Travessera de Gracia en la Barcelona de finales de los años setenta y que fui a ver con un amigo.

En todo caso, antes de seguir, debemos subrayar que el enfrentamiento de estos días no es exactamente igual que el que tuvo lugar hace cuarenta y tantos años atrás; aunque pueda parecerlo. Aquella era la época de la Guerra Fría, por lo tanto, los conflictos tenían otra dimensión ideológica y también geopolítica. Pero eso sería otro tema.

A mucha gente le sorprende lo de Chile. Y, en cierto modo, se puede entender, porque fueron muchos años hablando en los medios de su "milagro" económico, sin que mencionaran nunca la otra cara. Y la realidad casi siempre tiene dos o más caras:

El origen: golpe de Estado de Pinochet

En 1973, después del golpe de Estado, se ensayó un experimento económico de corte neoliberal extremo, lo que algunos llamaron el nuevo liberalismo, propuesto por el economista Milton Friedman, un antikeynesiano viceral. Su modelo, hoy en crisis en casi todo el mundo, consistía en la liberación total de los mercados y en el monetarismo financiero.

Lo cierto es, que en el experimento chileno se privatizaron casi todas las empresas públicas, además de las pensiones, los servicios de salud, la educación, la vivienda protegida, etcétera.

Todo eso desató una gran avaricia en los grupos económicos nacionales e internacionales, que, protegidos por las leyes de la dictadura, llegaron hasta el extremo de adueñarse del agua y de grandes extensiones de tierras pertenecientes a los nativos mapuches.

Lo chocante es que cuando se restableció la democracia, continuó rigiendo la misma Constitución pinochetista, la misma que legalizó esos cambalaches económicos, sin que ningún partido ni gobierno se atreviera a cambiarle ni una coma. Eso hizo que la agresividad económica del modelo se perpetuara, dejando sin oportunidades a millones de personas.

Lo curioso es que ni siquiera los socialistas, ahora tan desprestigiados como la derecha de Piñera, hicieron nada para cambiar las cosas. Eso nos da a entender que los gobiernos que se alternaron en La Moneda se limitaron a ser simples gestores, sin que fueran capaces de pedirle a los grupos económicos un mínimo de responsabilidad social, con lo cual consintieron que el crecimiento económico continuara privilegiando a unos pocos mientras la situación para el resto se iba degradando.

La realidad es que el país se está enfrentando a una situación social compleja y complicada. No hace falta haber estudiado economía para darse cuenta de que a mayor desigualdad, mayor inestabilidad social. Eso no falla.

Por lo tanto, si el desprestigiado establishment político chileno no hace reformas de cierto calado y se limita solo a cambios "gatopardianos", el problema continuará y se enquistará cada día más. Los retoques cosméticos ya no funcionarán.

Lo de Chile fue una lección. Nos indica que el crecimiento económico por sí solo no significa que por arte de magia vaya a producir bienestar general, que es lo que pregonan las corrientes neoliberales. Aun así, todavía hay gente por estos lugares que no entiende que eso solo puede alcanzarse si se establece un sistema de impuestos justo, con medidas sociales decentes y gobiernos que luchen contra la corrupción.

Chile: ¿el desgaste del modelo neoliberal?

(Santiago de Chile, 24 de octubre de 2019, María Camila Hernández / Reuters). El país latinoamericano, que tiene algunos de los mejores indicadores macroeconómicos de la región, está experimentando fuertes protestas, protagonizadas por una clase media asfixiada por los altos costos de una vida "privatizada".

"Chile es un país de terremotos, para que suceda un terremoto tiene que acumularse la energía. Aquí sucedió lo mismo. Se venía diciendo que iba a pasar algo así, lo que aquí llamamos un reventón social".

Como lo explicó a France 24, Cristian Fuentes, profesor de Ciencia Política y Relaciones Internacionales de la Universidad Central de Chile, las protestas que se viven en Chile son producto de un proceso largo en el que se ha ido acumulando la rabia, el descontento social (Fig. 45).

Fig 45. Un vehículo de la policía antidisturbios se encuentra en llamas durante una protesta contra el Gobierno en Santiago de Chile (Santiago de Chile, 23 de octubre de 2019. © Henry Romero / Reuters).

El aumento en los pasajes del metro fue tan solo la mecha que encendió el fuego en el país que hace pocos días su mismo presidente había descrito como **"un oasis"** en medio de una región convulsionada.

La inconformidad se viene sintiendo hace años, pero han sido los estudiantes quienes han tomado las calles para manifestarla. Pedro Santander, director del Observatorio de Comunicación de la Universidad Católica de Valparaíso e investigador del

Centro Estratégico Latinoamericano de Geopolítica, destacó en entrevista con estos medios dos precedentes de la protesta.

El primero es la llamada "revolución pingüina", protagonizada por estudiantes de secundaria durante el primer gobierno de Michelle Bachelet, en 2006, que se manifestaron por el derecho a la educación. En 2011 fueron los universitarios quienes protestaron, esta vez por los altos costos de la educación. Fueron ellos, según Santander, quienes pusieron la palabra **"lucro"** en el centro de la discusión, una palabra que "está en el tronco del modelo neoliberal".

A la acumulación de frustraciones por los altos costos de vida se suman las promesas no cumplidas, señaló en entrevista con France 24 Florent Sardou, profesor de Ciencias Económicas del Liceo Francés de Santiago de Chile: "El presidente Sebastián Piñera fue elegido con el lema de 'Tiempos mejores', se supone que la capacidad adquisitiva de la gente iba a aumentar".

A pesar de todo esto, el "terremoto" tomó por sorpresa a los gobernantes chilenos y al resto del mundo, que de Chile conoce sus buenas cifras macroeconómicas y su estabilidad política. El "reventón social" se ha manifestado con cacerolazos en todo el país, con masivas protestas pacíficas de estudiantes, pero también de ciudadanos de clase media, así como con algunas acciones violentas, saqueos e incendios.

'No es por 30 pesos, es por 30 años': la crisis de la clase media (Del mismo artículo)

El fuego que prendió el aumento de los pasajes del Metro de Santiago aún no se ha podido apagar. Tumbar la medida, militarizar las principales regiones de Chile, decretar toques de queda y al mismo tiempo pedir perdón por una "falta de visión"; todas han sido reacciones del Gobierno ante las protestas, todas insuficientes para contener las protestas.

Muchos manifestantes se refieren al "abuso" del que han sido víctimas durante los últimos 30 años. Un mayor aumento de los costos de vida, que incluye la educación, el transporte y los servicios públicos con respecto a los salarios. Un sistema de salud deficiente y costoso y un sistema de pensiones que Cristian Fuentes ha sido descrito como "una fábrica de pobres". "El chileno tiene que pagar por todo", resume Florent Sardou.

La visión del "abuso" refleja el desgaste de un modelo económico que se estableció durante la dictadura de Augusto Pinochet (1973-1990) y que no ha sido desmontado por ningún gobierno, ni de izquierda ni de derecha, desde el restablecimiento de la democracia. Como lo explica Sardou, "si bien el modelo neoliberal permitió un aumento de la riqueza, no ha permitido una redistribución de esta riqueza de manera justa".

Por una parte, el PIB per cápita de Chile ha sido superior al de América Latina y el Caribe, sin excepción, desde 1992 hasta 2018, según cifras del Banco Mundial. Además, según el informe Panorama Social de América Latina 2018 de la Cepal, Chile es el segundo país latinoamericano, después de Uruguay, con las tasas más bajas de pobreza (10,7% en 2017) y pobreza extrema (1,4%).

El crecimiento económico permitió que los chilenos de la naciente democracia ignoraran la destrucción de la seguridad social que llevó a cabo la dictadura.

Pero, también según el informe de la CEPAL, "Chile presenta una alta concentración de la riqueza. Mientras que 50% de los hogares menos favorecidos tenía, en 2017 solo 2,1% de la riqueza neta del país, el 10% de los más rico, concentraba dos terceras partes y el 1% de los más rico, 26,5%". Según el índice de Gini, que utiliza el Banco Mundial para medir la desigualdad en los ingresos, Chile está entre los países más desiguales del mundo, siendo Latinoamérica la región más desigual.

Como lo explica el periodista chileno Patricio Fernández en su columna The *Washington Post*, luego del restablecimiento de la democracia "la nueva clase media logró obtener bienes con los que sus padres ni siquiera soñaban (...) El crecimiento económico permitió que los chilenos de la naciente democracia ignoraran la destrucción de la seguridad social que llevó a cabo la dictadura".

Pero ahora, la clase media está asfixiada. Para Sardou, la situación actual se puede ver como "una crisis de desarrollo de la clase media", algo que ya ha sucedido en Europa y Estados Unidos. Ya no se trata solo de ingresos económicos, sino que esa clase media exige más protección de sus derechos por parte del Estado.

Partidos políticos desacreditados y una élite desconectada de la gente

Un descontento contenido, promesas no cumplidas y finalmente una desconexión de la élite con la gente, son los elementos del "terremoto" que experimenta Chile.

"Piñera se demoró muchos días en echar para atrás el alza (en los pasajes del metro) y un ministro (de Economía, Juan Andrés Fontaine) dijo que se levantaran más temprano si querían pagar menos. Eso es no entender la realidad de la gente, de los trabajadores que en Santiago muchas veces se demoran 2 o 3 horas en transporte", afirma Sardou.

En la noche del jueves 17 de octubre, los manifestantes más radicales destruyeron 20 estaciones del Metro e incendiaron el edificio de la multinacional energética Enel. El presidente Piñera decretó el Estado de Emergencia y el fin de semana declaró que estaban "en guerra contra un enemigo poderoso".

Chile: el presidente Piñera pide perdón y anuncia paquete de reformas para paliar la crisis

Despues de los disturbos el presidente Piñera ha adoptado una postura más conciliatoria y anunció una serie de medidas como parte de una 'Nueva Agenda Social' para atacar los problemas que más aquejan a los chilenos de clase media (pensiones, salud y medicamentos, ingresos), y que tendrá un costo fiscal de 1200 millones de dólares.

Sin embargo, las protestas continúan. Y es que además de que estas medidas son vistas por algunos como apenas un buen primer paso, los analistas consultados por France 24 coinciden en destacar la crisis de representación que se vive en Chile. "La población no cree en los partidos, ni de izquierda ni de derecha", afirma Sardou. Los manifestantes, por su parte, tampoco tienen un líder claro con el cual el Gobierno pueda negociar.

Para Pedro Santander, este "terremoto social" debería llevar a un cambio más profundo: "Vivimos con la Constitución de Pinochet, vivimos una vida privatizada. Necesitamos una nueva Constitución porque el pacto social está totalmente roto en Chile. Necesitamos que la privatización de todas las esferas de nuestra vida se termine".

Llegada del coronavirus y su impacto

La víctima más joven de la covid-19 (Nicolás Sepúlveda y Benjamín Miranda, Ciper Chile, 11 de abril de 2020).

En la muerte de Fabiola Machuca fallaron todos los protocolos, se conoció de su contagio con la covid-19 después de fallecer, por lo que tuvieron contacto con el cadáver, sin protección ninguna, más de sesenta personas, entre ellos familiares, conocidos, personal médico y sanitario que la atendió.

Fig. 46 Fabiola víctima más joven de la covid-19 en Chile.

Durante su paso por el Hospital de Talca y luego en su velorio y funeral en Romeral no se tomaron resguardos. Nadie sabía que era portadora a pesar de que el 25 de marzo la joven había sido derivada a un centro médico de Curicó por sospecha de la covid-19, pero su caso no cumplía con el protocolo y no le hicieron el examen. Dos semanas después falleció en el Hospital de Talca, donde fue tratada por síntomas de leucemia, debido a una insuficiencia respiratoria aguda. El test se tomó recién tras su deceso. Su familia, el personal médico que la atendió y asistentes a su funeral son monitoreados.

El certificado de defunción señala las 20:30 del martes 7 de abril como la hora exacta en la que Fabiola Machuca Barrera falleció. Fabiola tenía 21 años y residía en Romeral (Región del Maule). El mismo documento establece que la causa inmediata de su deceso fue una insuficiencia respiratoria aguda, y que las causas originarias fueron una hemorragia alveolar masiva (sangrado pulmonar) y un síndrome linfoproliferativo (leucemia). Hasta ese momento, el equipo de salud que la atendió en el Hospital de Talca no sabía que Fabiola estaba contagiada con la covid-19.

Tampoco lo sabían los funcionarios de la morgue del centro asistencial que entregaron su cuerpo. Ni los empleados de la funeraria de Romeral que lo recibieron. Ni los familiares que organizaron su velorio y funeral. Ni las cerca de sesenta personas que acompañaron a la familia. Nadie tomó precauciones y ahora el pequeño pueblo cercano a Curicó vive en la incertidumbre por decenas de personas que podrían estar contagiadas. En el caso de Fabiola, todos los protocolos para tratar pacientes bajo sospecha de ser portadores de la covid-19 fallaron.

Un turno completo de la unidad de oncología del Hospital de Talca entró en cuarentena, porque los médicos, enfermeros y técnicos que la trataron durante su hospitalización de siete días, tampoco usaron elementos de protección. Lo mismo ocurrió con algunos miembros del personal de Cuidados Intensivos. Como no tenían información, no se aplicaron los protocolos. Funcionarios del hospital que conversaron con CIPER reconocieron que es "un problema grave" el que nunca se hubiera sospechado que estaba contagiada por la covid-19 "a pesar de que parte de sus síntomas así lo indicaban".

Nadie sabía que la muchacha (hasta ahora la víctima más joven del coronavirus en el país) era positiva, a pesar de que las sospechas sobre su contagio habían quedado claras cuando el 25 de marzo el Cesfam de Romeral la derivó por síntomas que indicaban la probable presencia del virus al Servicio de Atención Primaria de Urgencia (SAR) de Aguas Negras, en Curicó. Los protocolos del Ministerio de Salud vigentes ese día indicaban que no debía tomársele el examen, porque no había estado en contacto con ningún contagiado. Así que la devolvieron a su casa, recetándole paracetamol.

Dos semanas después, Fabiola falleció

La joven ingresó al Hospital de Talca debido a que su condición de salud empeoraba. Allí le detectaron un tipo de leucemia aguda y fulminante. La noticia devastó a su familia. Pero mientras era atendida nadie recordó que inicialmente había consultado por un posible contagio de la covid-19. En el hospital decidieron aplicarle el test post mortem gracias a la sugerencia de la doctora Catherine Concha, directora del Departamento de Salud de Romeral, quien desde un principio sospechó que Fabiola podía estar contagiada. El examen analizó muestras biológicas que el hospital mantenía en su poder. Lo hizo cuando el cuerpo de la joven ya estaba siendo velado en su casa, en la Población Bellavista de Romeral, y decenas de personas acompañaban a su familia.

Ni mascarillas ni guantes

Pasadas las diez de la noche del miércoles 7 de abril desde el Hospital de Talca le informaron a la familia el deceso de Fabiola. Cuatro horas después su cuerpo era entregado por el equipo de la morgue del hospital a Gabriel Godoy, dueño de la funeraria de Romeral, que se hizo cargo del sepelio. Godoy indicó a CIPER que ninguno de los encargados de entregarle el cadáver el jefe de Anatomía Patológica y el técnico de la morgue, utilizaron algún elemento de protección en ese proceso. Él tampoco.

Estaban sin mascarillas, sin guantes. Y me entregaron el cuerpo sin ningún problema, envuelto en una sábana.

El velorio de Fabiola comenzó temprano el miércoles 8 de abril en la casa de su familia. Su hermana, Andrea, confirmó a CIPER que ninguna autoridad sanitaria le avisó a sus cercanos que estaban analizando muestras biológicas de la joven para determinar si estaba contagiada por la covid-19.

El funeral se realizó el jueves 9 de abril en la mañana. La familia seguía sin enterarse del contagio cuando se retiraron del Cementerio Parroquial de Romeral. Recién dos horas después de finalizada la ceremonia Andrea Machuca, la hermana de Fabiola, recibió un llamado de una funcionaria de la Seremi de Salud que le comunicó que un examen había dado positivo por coronavirus.

Ninguna de las sesenta personas que asistió al velorio y luego al funeral, según cifras que maneja la Municipalidad de Romeral, tomó alguna precaución. La directora del Departamento de Salud de la comuna, Catherine Concha, indicó que "a ese grupo de personas las tenemos monitoreadas y les hemos indicado que frente a cualquier duda se contacten con nosotros, para que podamos tomar las medidas necesarias". Agregó que les sugirieron que entraran en cuarentena preventiva.La doctora Concha señaló que les han tomado el examen a más de treinta personas, particularmente del entorno familiar directo y del equipo médico que trató a Fabiola. Esto fue por iniciativa del municipio.

A quien no se le ha tomado el test es a Gabriel Godoy, el dueño de la funeraria: Yo la maquillé, la arreglé. Manipulé el cadáver, y hasta el día de hoy no me han dicho que debo tomarme el examen. Me ordenaron hacer cuarentena preventiva, y solo si tengo algún síntoma me harán el examen el 15 de abril

Confirmación tardía

El ministro de Salud, Jaime Mañalich, fue consultado el sábado 11 de abril por el caso de Fabiola. Recién ese día ella fue incluida en la nómina oficial de personas fallecidas que eran portadoras del virus (casi cuatro días después de su deceso). El ministro aseguró que en el Minsal no hacen la distinción de si la persona fallece por el Covid-19 o por otra enfermedad que los afecte. Refiriéndose puntualmente a lo sucedido con Fabiola, señaló que "en el caso de esta joven mujer, efectivamente al revisar su historia clínica es evidente que ella tenía una enfermedad hematológica de muy mal pronóstico, de la cual probablemente no habría salido adelante".

Posterior a la publicación de este reportaje, la municipalidad de Romeral informó que la autoridad sanitaria decidió iniciar un sumario para determinar las eventuales responsabilidades. El municipio señaló además que "las muestras que se tomaron al círculo primario y más cercano a la familia de la paciente fallecida arrojaron negativo. Ya fueron contactados y se les entregó dicha información".

En el libro hay casos tan tristes como este, pero es casi una niña que fallece y la causa se sabe después y por la propia investigación que ahora hace la municipalidad se observa un conjunto de irregularidades que hacen que uno piense que si se le hubiera tratado la enfermedad por lo que verdaderamente tenia tal vez no hubiera muerto. Que descanse en paz.

Chile registra su día más alto de nuevos contagios por coronavirus

Según la subsecretaria de Salud Pública, Paula Daza. 07/05/20, Chile registra la mayor cantidad de casos nuevos el mismo día en el que disminuyen los fallecimientos por el brote.

El reporte de 1533 nuevos infectados representa el mayor aumento de casos confirmados en un solo día en Chile, donde hay en total 24 581 contagios. De esos registros nuevos, 81% fueron detectados en la Región Metropolitana, donde está la capital, Santiago.

Aunque es el número más elevado durante la pandemia, desde comienzos de mayo cada día ha habido más de mil casos nuevos. Esto forzó al Gobierno a dar una pausa en su "Plan de Retorno Seguro", que se anunció desde finales de abril y que pretendía escalonar en tres etapas el regreso de los trabajadores y de los estudiantes.

La decisión en ese entonces se basó en lo que el gobierno de Sebastián Piñera consideró como una "meseta" de los nuevos casos. Pero ahora, los cálculos son que el pico de los contagios será en mayo, según la subsecretaria de Salud Pública, Paula Daza.

"Por la curva que llevamos y los datos que tenemos, y por el monitoreo que estamos viendo, seguimos planteando que el peak va a ser durante este periodo del mes de mayo. Es lo que pronosticamos", puntualizó la funcionaria.

Además de que esta cantidad de contagios representa un inconveniente para el desconfinamiento, la cifra hizo que se aumentaran las comunas y las localidades que estarán en aislamiento total. Chile no aplica un confinamiento generalizado en todo el país, sino que restringe el movimiento solo en las zonas más afectadas.

De la otra cara de la moneda, este jueves 7 de mayo hubo la menor cantidad de nuevas muertes en un día en comparación con los registros diarios de las últimas tres semanas. En total, en Chile han muerto 285 personas a causa del brote, según los datos oficiales.

Chile decreta el "estado de catástrofe" en todo el país por 90 días ante el avance de la enfermedad

(BBC News Mundo, 18 marzo 2020). El presidente chileno, Sebastián Piñera, decretó este miércoles un estado excepcional de catástrofe en todo el país para intentar detener el avance del nuevo coronavirus (Fig. 47).

El mandatario anunció que el estado de excepción tendrá una extensión de 90 días y entrará en vigor a partir de las 00:00 hora local del jueves 19 de marzo.

Fig. 47 El Presidente de Chile decreta estado excepcional (18/3/29).

“El estado de excepción tiene como objetivo anticiparnos, prepararnos, para las etapas que vienen en esta pandemia que es el coronavirus”, explicó Piñera.

Según el mandatario, esta medida permitirá a las autoridades chilenas ofrecer una mejor seguridad en los hospitales, “proteger mejor la cadena logística de traslado de insumos médicos, facilitar el cuidado y el traslado de pacientes, personal médico y la evacuación de personas”.

El estado de excepción permite limitar ciertos derechos o garantías constitucionales como el libre tránsito.

Crisis social junto al coronavirus

Además del brote del nuevo coronavirus, Chile se encuentra desde octubre del año pasado sumido en una crisis social que llevó a que registraran multitudinarias, y en algunos casos violentas, protestas. Millones de chilenos exigen cambios urgentes en el actual modelo político y económico.

Se prevé que el próximo 26 de abril se celebre un plebiscito para determinar si la ciudadanía desea iniciar un proceso constituyente para redactar una nueva Constitución y determinar el mecanismo para este proceso.

Pero desde hace días, a raíz de la crisis global generada por la covid-19, se habla de que la consulta podría ser postergada.

El Colegio Médico de Chile se reunió el pasado lunes con representantes del Gobierno y de la oposición para pedirles la postergación del referéndum: celebrarlo supondría un riesgo de multiplicación de casos, según el organismo.

"Esperamos tener una respuesta antes, no esperar al último momento para anunciar si se va a suspender, ya que podría generar manifestaciones (Fig. 48), lo cual en estos momentos no es recomendable", explicó a los medios la presidenta del gremio, Izkia Siches.

Fig. 48 El sistema chileno es más cruel que el coronavirus. El rebrote de las manifestaciones en Chile en medio de la pandemia.

Según el reporte que acaba de entregar el Ministerio de Salud durante esta mañana, la cantidad de contagiados por coronavirus sigue en aumento. El Covid-19 golpea al mundo, y el caso de Chile no es la excepción. El reporte incluye todos los casos hasta las 21:00 del sábado 16 de mayo.

Las cifras de este informe indican que Chile sumó 2353 casos nuevos en las últimas 24 horas (2024 con síntomas y 329 asintomáticos), además de 29 fallecidos, lo que eleva las cifras totales a 43 781 contagiados y 450 víctimas fatales desde el inicio de la pandemia.

En tanto, la cantidad de personas recuperadas se elevó a 19.213 personas, mientras que los que se encuentran con el virus de forma activa y pueden contagiar se empinan por sobre los 22 000 casos.

Las últimas semanas sacudieron a Chile, considerando que el país sufrió su mayor alza de casos por la covid-19 desde el inicio de la pandemia. En las últimas 24 horas, nuestro país sufrió el mayor número de fallecidos desde que comenzó la pandemia.

No solo el virus no se ha controlado, sino que comenzó una etapa muy compleja. Tal como mencionaban los expertos entre sus proyecciones. La Región Metropolitana ya acumula más de 25 000 infectados. El Gobierno anunció cuarentena en todo el Gran Santiago. (BBC, News Mundo, 18/3/20).

Funerales en tiempos de pandemia

"Mi querida madre nos dejó y no pudimos abrazarnos"

(Emiliana Pariente, 30 de marzo de 2020). Carmen Jiménez perdió a su mamá hace diez días. Era viernes 20 de marzo, pocos días antes de que el Gobierno anunciara la cuarentena total en siete comunas de la Región Metropolitana. Su madre, en ese entonces de 79 años, estaba sola en su departamento en Providencia. Como todas las noches, Carmen la llamó a eso de las diez para asegurarse que todo estuviese en orden. Desde que había comenzado la cuarentena voluntaria, Carmen había querido llevársela a su casa, pero su mamá se había negado. Prefería estar sola y respetaba el pequeño espacio en el que su hija y sus tres nietas convivían. Pensaba que no sería cómodo estar las cinco juntas. Habían establecido, en cambio, una sólida red de apoyo: Carmen la iba a visitar en auto día por medio y le llevaba compras del supermercado y remedios de la farmacia. Entraba a su departamento con guantes y mascarilla. Y cuando no podía ir, se organizaba con una vecina del edificio, quien estaba al tanto de la situación y había ofrecido ayudar. El conserje, que también conocía a la mamá de Carmen hace años, estaba también a disposición.

Esa noche, cuando llamó a su mamá, una de las últimas cosas que le dijo fue: "mañana paso temprano y desayunamos juntas. Llevo algo de comida". Su mamá le respondió que no era necesario, que estaba abastecida. A las pocas horas, murió producto de un paro cardíaco. Carmen lo supo a las 9:30 de la mañana siguiente, cuando llegó a su departamento.

Los días posteriores a su muerte han sido para Carmen un torbellino difícil de enfrentar. Dice que el tiempo avanza de manera fugaz, se precipita encima de ella y todo pareciera ser parte de un sueño continuo cuyas imágenes no logra del todo retener. Al funeral, que se llevó a cabo el domingo 22 de marzo 48 horas después de su muerte, que es el tiempo máximo ofrecido por las funerarias asistieron ocho personas. No hubo velorio, solamente sepultura. Y es que a partir del 10 de marzo, la Subsecretaría de Salud Pública activó dos protocolos funerarios que regulan cómo se deben llevar a cabo las ceremonias fúnebres en tiempos de Covid-19, desde el traslado de los cuerpos hasta la última instancia de despido, sea esta una sepultura o cremación, tanto para muertes por contagio o por otras causas no relacionadas con el virus.

Ambos protocolos buscan disminuir lo más posible el riesgo de contagio y, mientras el protocolo 1 que rige en casos de muertes por causas no relacionadas al virus exige el uso de mascarillas, guantes, lentes y pechera, tanto para los familiares como para los ejecutivos del servicio funerario que estén en contacto con el cuerpo, el protocolo 2, que corre para las muertes por causa del virus, es aún más complejo. En esos casos, cada una de las personas que interactúen con el muerto tienen que vestir con buzos encapsulados, además de guantes, mascarillas y lentes. Y el cuerpo, según establece la normativa, debe introducirse en una bolsa impermeable, hermética y desinfectada para ser trasladado en breve a la morgue.

Pero el contacto en cualquiera de sus dimensiones, como explica Carmen, es de lo más importante en estos momentos. Al funeral de su madre fueron ella y sus dos hermanas, sus tres hijas, su exmarido, y los dos hermanos de su madre que aún viven. "No logro concebir los tiempos en los que estamos viviendo. Mi querida madre nos dejó y no pudimos abrazarnos. Yo abracé a mis hijas y a mis hermanas, pero el solo hecho de estar con guantes y mascarilla hace que todo sea impersonal, poco íntimo y distante. ¿Será eso lo que caracterice a los tiempos futuros que vendrán"?

La última vez que Carmen vio a su madre antes de aquella mañana del sábado, entró a su casa y le llenó el refrigerador. Tomando las precauciones sugeridas, considerando que su mamá formaba parte de la población en riesgo por ser adulto mayor, entró con guantes y mascarilla. Su mamá le pidió que le leyera un correo que le había llegado esa mañana de un amigo de la infancia que vivía fuera de Chile. Carmen se sacó los guantes y se sentó frente al computador. Leyeron juntas. En ese minuto, no se le cruzó por la cabeza que unos días después se estaría enfrentando a la muerte de su madre en un contexto en el que un proceso, ya difícil, se vuelve más desolador.

El correo decía así: "Estamos viviendo en una distopía en la que estamos obligados a mantener distancias, a no tocarnos y a no poder agarrar a esa persona, apretarla fuertemente entre nuestros brazos y decirles todo lo que las amamos. Hay que encontrar una forma de hacerlo igual, porque si no puede ser muy tarde".

Junto a la situación ya sin precedentes, creada por los estudiantes, Chile ha tenido que enfrentarse a una fuerte pandemia, que ha llevado al país, modelo de neoliberalismo, a una situación sin salida.

Ecuador

El neoliberalismo

La aplicación del modelo neoliberal en Ecuador, al igual que en el resto de los países de la región de América latina, se desarrolló a partir de la década del ochenta del siglo XX, y constituyó un proceso de reformas económicas, denominado "estabilización y ajuste estructural".

Es así que, a raíz de estos cambios Ecuador se transformó en un escenario de políticas catalogadas como incisivas para deliberar en materia económica y comercial, con la finalidad de obtener nuevos equilibrios macro económicas acordes con el camino trazado para cambiar la estructura productiva y obtener mayor ingreso de divisas al país (Fig. 49).

Fig. 49 Esencia del neoliberalismo.

Todavía en la década de los noventa se continuaba sin poder superar la alta volatilidad económica que fue generada por dicha política neoliberal, por lo que son introducidas en el país algunas reformas de carácter estructural para consolidar y fortalecer la política neoliberal implementada con anterioridad, en esta ocasión hacia un nuevo modelo de acumulación sustentado en la producción del mercado externo.

Este proceso que puede ser considerado de desestabilización en primer lugar y luego de reforma estructural, se erige como la expresión y la respuesta a dos fenómenos que convergieron a inicios de la década de los ochenta en el país, estos son:

1. El desgaste del modelo de industrialización por la sustitución de importaciones.

2. Los imperativos de los procesos de reproducción y acumulación trasnacional, donde eran impuestos créditos que afianzaron lo que sería la crisis de la deuda externa.

Causas que definieron al neoliberalismo

- Acomodar la economía del país a las necesidades de acumulación a nivel mundial. Esto se manifiesta en el dominio que en la actualidad poseen las empresas trasnacionales en la mayoría de la economía de los países de la región latinoamericana.

- Mantenimiento en Ecuador de una crisis social estrechamente relacionada con las políticas económicas y sociales que han sido aplicadas desde la década del ochenta con la intervención directa de organismos internacionales como el Fondo Monetario Internacional (FMI) y el Banco Mundial (BM).

- Las políticas neoliberales en Ecuador fueron con-sustanciales a un proceso de transición donde regía en principio una economía protegida, donde imperaba la participación estatal, a otra economía en la que llegó a predominar las reglas del mercado.

Consecuencias de la aplicación del neoliberalismo:

- Las políticas neoliberales se pueden explicar en un conjunto de medidas económicas de emergencia favorables a las corporaciones, ejemplo la materialización de privatizaciones a gran escala y profundos recortes en lo que se refiere al gasto social.

- En 2000 el Estado ecuatoriano se encontraba debilitado, con un gran déficit fiscal, una enorme acumulación de la deuda externa, además de cartas de intención del FMI y una deuda social que debía ser pagada.

• En ese mismo año se generó el congelamiento de los depósitos bancarios, lo que dio paso al denominado **"feriado bancario"**, lo cual dio lugar a que miles de ecuatorianos perdieran todo su dinero.

• Tras el **"feriado bancario"** se anunció el cambio de moneda, ante lo que se determinó la oficialidad del dólar como medio de cambio y pago oficial. Esto constituyó la respuesta del capital financiero ante la "crisis" sistemática creada por el propio sistema financiero neoliberal.

• Se solaparon, con nociones de estadísticas de legitimidad, las medidas neoliberales que sacrificaron el elemento social dentro del territorio ecuatoriano.

• Con la devaluación de la moneda oficial, el Sucre en aquel momento, millones de personas perdieron sus depósitos. Esto provocó un considerable aumento de la pobreza, pérdida en los hogares de sus activos líquidos, incremento de la desigualdad y un gran daño familiar a partir de la migración de una parte importante de la población hacia diversos países.

• En el periodo comprendido entre 2000 y 2003 se continuó con un modelo basado en la flexibilización laboral, con el objetivo de reactivar el aparato productivo a costa de la explotación del individuo por parte del capital.

• De manera adicional se trabajó en una especie de optimización alcista de la economía nacional a través de la sustitución de Bonos Brady por Bonos Global, para que los acreedores obtuvieran ganancias, principalmente acreedores internacionales, sin que por medio se plantearan los intereses que poseía Ecuador.

El coronavirus un desastre que jamás se olvidara

La conmovedora carta que dejó un joven médico ecuatoriano antes de morir por coronavirus (Fabiola Manjarrez, 2 de abril de 2020)

El joven médico Óscar Miguel Cabrera escribió el 1 de abril lo que resultó ser su despedida, en medio de la emergencia del coronavirus. El 6 de abril murió en Quito. Tenía 29 años y trabajaba en el hospital Eugenio Espejo. Era de Quevedo y administraba dos páginas de salud (Fig. 50).

Fig. 50 Médico Óscar Miguel Cabrera de 29 años.

Familia amada y amigos:

Les escribo estas palabras para que estén tranquilos. Yo elegí mi camino y mi profesión por vocación. Hoy me toca estar en peligro a mí y a mis compañeros, en riesgo, tentando al destino al exponernos a lo que hoy es considerada una pandemia.

Sí, tengo miedo, no quiero ir a trabajar porque pienso que si me contagio y muero no podré hacer tantas cosas con las que soñé, pero más miedo me da es que ustedes o un ser querido se contagien y yo no pueda hacer nada por salvarlos. Yo no quiero que ustedes sean un número más en las cifras, ni quiero que sean incluidos en las frívolas estadísticas que solo alimentan el pánico colectivo.

Me enseñaron a tener un corazón grande, tan grande que puedo poner al servicio de la gente mis conocimientos para ir en ayuda del que más lo necesita, y hoy el mundo entero nos necesita, a todos los profesionales de la salud. Eso arriesga mi vida, pero es un desafío que estoy dispuesto a aceptar.

Si yo me llego a ir, créeme que será con el honor de haber servido como un agente de combate, que jamás bajó sus brazos ni se rindió. No tengo capa, pero quiero quedar en sus memorias NO como un héroe, si no como alguien que su único superpoder era saber cuidar del enfermo, del desamparado y del sin esperanzas.

Quiero que esto pase y recordarlo como un mal momento. Pero si no es así, en mi caso abraza mis uniformes y llénate de orgullo, que yo te estaré esperando allá arriba. Toma consciencia, quédate en casa, que yo saldré por ti.

Resistiré
Oscar Miguel Cabrera

Quién era el doctor Óscar Cabrera y por qué odo Ecuador llora su muerte

El doctor Oscar Cabrera prestaba sus servicios profesionales en una casa de salud de Quito, murió el 6 de abril (Fabiola Manjarrez).

Ecuador llora la muerte del joven médico ecuatoriano Óscar Cabrera, oriundo de la ciudad de Quevedo, quien prestaba sus servicios profesionales en una casa de salud de Quito.

Lamentamos informar que el día de hoy ha fallecido nuestro colega el doctor Óscar Cabrera, más conocido por su página "YO MÉDICO" y actual administrador de esta. El doctor era R3 en posgrado de Oncología en la ciudad de Quito-Ecuador, siempre se caracterizó por su carisma, alegría, profesionalismo y buen trato con todo el personal sanitario", es el mensaje que circula principalmente en la red social Facebook, donde los comentarios de condolencia ya se cuentan por decenas.

A muertes como estas nos es difícil acostumbrarnos y nos deja la sensación amarga de cuantas cosas que Oscar soñó no va a poder realizar, pero nos queda ese desprendimiento esa sencillez ese altruismo que nos da fuerza y compromiso de tratar de llegar a tener sentimientos similares a él.

Gloria a todos los que como él han actuado menospreciando su propia vida por ayudar a los demás.

Los cadáveres se amontonan en Guayaquil por el coronavirus

Varios medios informan (Stringer/Reuter) que hay cientos de cadáveres en las calles y dentro de las casas, esperando a ser retirados por las autoridades (Fig. 50).

Fig. 51 Grupo de personas observa el cuerpo de un hombre fallecido en una calle de Guayaquil (Stringer/ Reuters).

La opacidad del gobierno de Ecuador sobre el alcance de la pandemia hace difícil saber la verdad. Mientras el Ministerio de Salud reconocía hasta este miércoles 93 fallecidos y 2748 positivos, informaciones periodísticas hablan de centenares de muertos. La situación es especialmente dramática en la capital económica del país, Guayaquil, donde varios medios informan que hay cientos de cadáveres en las calles y dentro de las casas, esperando para ser retirados por las autoridades, que se han visto superadas por la crisis del coronavirus.

Dos terceras partes de los contagios y de los muertos se dan en la provincia costera de Guayas. El principal periódico de esta región, *El Universo*, aseguraba, citando fuentes policiales, que ese día "estaban registrados casi 450 cuerpos en lista de espera para ser retirados de las viviendas".

El mismo rotativo indicaba que los cadáveres empezaban a ser "abandonados en varias esquinas de Guayaquil" por temor a contagios y porque las altas temperaturas en la región, que estos días trepan a los 33 °C, hacen insoportable el olor en las viviendas, después de varios días de producidos los fallecimientos.

"Los cuerpos de quienes han fallecido en los domicilios empezaron a ser arrojados en las aceras, en esquinas, portales o depósitos de basura, embalados", asegura *El Universo,* que sostiene que su denuncia había provocado la reacción del presidente, que en su cuenta de Twitter garantizó un "entierro digno" a todas las víctimas, aunque no confirmó la magnitud de esas cifras.

De hecho, Moreno cuestionó este miércoles dichas informaciones. "Colegas presidentes, no nos hagamos eco de las noticias falsas que tienen clara intencionalidad política. ¡Todos estamos haciendo esfuerzos en la lucha contra el Covid-19! La humanidad nos necesita unidos", tuiteó el mandatario, en respuesta al presidente de El Salvador, Nayib Bukele, que citó a Ecuador como ejemplo de la catástrofe que provoca la pandemia, invitando a sus seguidores en las redes sociales a ver los vídeos que circulan por internet.

Imágenes de Guayaquil, que no han podido ser contrastadas y que recorren los teléfonos móviles de Ecuador y del continente donde se ve algún cuerpo en la calle. Al drama de los cadáveres tirados en las calles se suma la difícil tarea de reconocer los cuerpos (AP, 29 de marzo de 2020)

Las imágenes conmovían al mundo entre finales de marzo y principio de abril (Fig. 52).

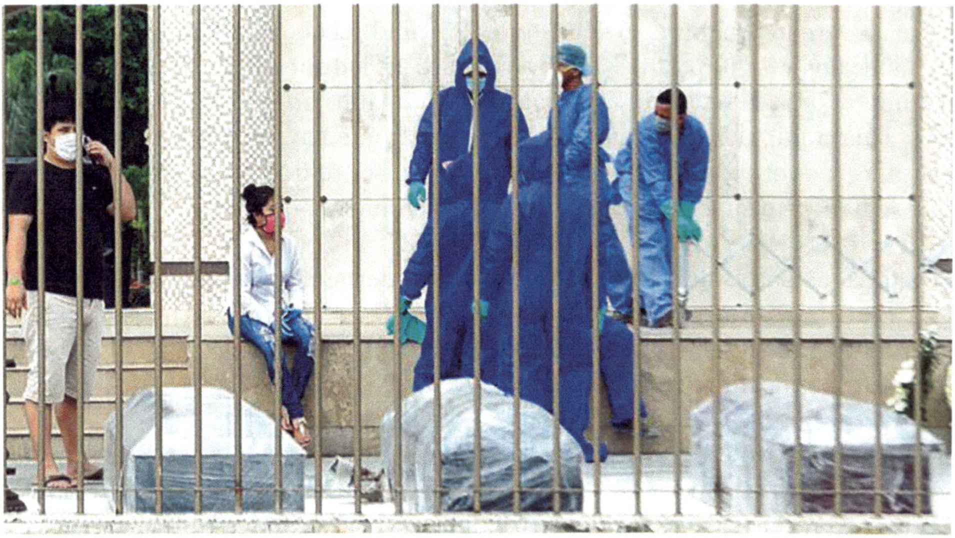

Fig. 52 Ecuador: el drama de reconocer la identidad de los muertos (Foto, AP).

Guayaquil, con casi tres millones de habitantes, es la ciudad más grande de Ecuador. Mucho más poblada que Quito, la capital. Por eso, concentra 70% de los casos de la covid-19.

Ahora suma otro drama. La difícil y hasta a veces imposible tarea de reconocer los cuerpos de los fallecidos.

Darwin Castillo relató a AFP que quiso recuperar el cuerpo de su padre, fallecido por la pandemia. Fue a la morgue, pero cuando abrió la bolsa se dio cuenta de que no era el de su familiar.

Dos semanas más tarde, aún no ha podido dar con el destino final de su padre. Las morgues saturadas no tienen una adecuada identificación de las personas que hasta allí son trasladadas.

Castillo relató a las agencias internacionales que ni siquiera mediante sobornos pudo lograr encontrar los restos de su padre.

El gobierno ecuatoriano sacó cerca de 1400 cadáveres de casas y hospitales de Guayaquil e informa por medio de un portal electrónico dónde ha enterrado los cuerpos. Dos cementerios han sido ampliados para tal fin.

Pero las tareas de identificación tienen fallas notorias. Ni siquiera alcanzan los brazaletes que colocan los hospitales a los pacientes infectados.

"No se puede entender que teniendo los servicios funerarios, nunca entregaron el cadáver o lo perdieron o confundieron", expresa a la AFP el abogado que los representa y concejal de Guayaquil, Héctor Vanegas.

Por si todo este drama no fuera suficiente, la Fiscalía de Guayaquil abrió una investigación por el presunto delito del cobro en hospitales a cambio de la entrega de cuerpos de fallecidos que sí se pudieron identificar.

Ecuador es el segundo país sudamericano con más casos de coronavirus. Tiene 403 muertos, la tercera parte que en Brasil, pero su población es 30 veces menor.

Reconoce el ministro de Salud la realidad de los cadáveres en las calles de Guayaquil (Juan Fausto, EFE, 4 de abril).

"No se puede esconder el número de muertos", afirmó Zeballos. El funcionario explicó que el aumento de la mortalidad, sumado al toque de queda que rige en ese país, derivó en una crisis en el manejo de cadáveres.

En la provincia de Guayas, el colapso a causa de la covid-19 ha empeorado por la imposibilidad de enterrar a muchas personas que han fallecido en sus hogares, donde han permanecido durante días.

La fulminante propagación del coronavirus en la zona de Guayaquil, una de las ciudades del mundo más castigadas por el coronavirus per cápita, ha creado una situación de abandono de cadáveres, que las autoridades tratan de resolver.

La pandemia de la covid-19 está colapsando los hospitales de varios países, en Ecuador, además, las funerarias no tienen tiempo de retirar los cuerpos. "¿Qué está pasando en el sistema de salud pública del país? No retiran a los muertos de las casas, los dejan en las veredas, caen frente a hospitales, nadie los quiere ir a recoger", declaraba Cynthia Viteri la alcaldesa de Guayaquil, una de las ciudades más afectada por el coronavirus del mundo.

Ecuador ha alcanzado, según los últimos datos registrados, 3163 casos y 120 muertes, causando un desbordamiento que se ha traducido en el abandono de cadáveres en plena calle. En la provincia de Guayas, cuya capital es Guayaquil, han muerto al menos 60 personas de los 98 fallecidos por coronavirus en todo Ecuador, que ha llevado al Gobierno de Lenín Moreno a poner en marcha esta semana una Fuerza de Tarea Conjunta, y coordinar la recolección general de cadáveres.

No obstante, esta cifra no incluye a todas las personas que han fallecido sin que se le haga el test para detectar y verificar la presencia del virus. Esto hace que la cifra de fallecidos ascienda considerablemente.

Según ha informado el médico experto en salud pública, Ernesto Torres, apunta que esta pandemia supone un ataque contra la sanidad del país ya que "rebasa el ámbito de la medicina porque tiene que ver con políticas de Estado y del interés real de los gobiernos en la salud de su población".

La profesora de Derecho en la Universidad Andina y experta en DDHH, Adriana Rodríguez, afirma que "Guayaquil es una ciudad que tiene aproximadamente 17% de su gente en la pobreza y en la pobreza extrema. Lo que ocurre ahora con los cadáveres nos hace pensar en qué cuerpos importan y qué cuerpos no importan. Los recortes en salud pública nos dicen que hay cuerpos que no importan".

Para Jorge Wated, jefe de la Fuerza de Tarea Conjunta, la presencia de cadáveres en las viviendas "está relacionada con la poca capacidad que tienen las funerarias de la ciudad de dar sus servicios mortuorios en conexión con los cementerios de Guayaquil". A las funerarias desbordadas de trabajo, se sumaron otras, generalmente pequeñas, que se niegan a trabajar por temor a contagios al desconocer la causa del fallecimiento. Además de la dificultad que conlleva el toque de queda que dura quince horas y que complica los trámites de defunción.

Por ello, con la nueva Fuerza de Tarea se busca facilitar la realización de trámites, evitar que personas salgan a las calles y entregar los documentos en el hogar en caso de que la gente desee enterrar por cuenta propia a sus muertos. Pero hay cuerpos que las familias han preferido que sean retirados por las autoridades. Entre el lunes y martes "hemos sepultado aproximadamente cincuenta personas", aseguró Wated.

Cadáveres hasta cinco días en casas

Wated comentó que los usuarios de Twitter muestran los cadáveres en las calles y en los domicilios, y también cuelgan imágenes de hospitales donde los familiares ruegan que les entreguen los cuerpos de sus familiares fallecidos hace días.

Solo en Guayaquil se han recogido en la última semana unos 310 cadáveres.

El Gobierno intenta solucionar el desbordamiento con la ayuda de policías, militares y otras instituciones. Solo en Guayaquil se han recogido en la última semana unos 310 cadáveres, aunque han aclarado que corresponden a fallecidos por distintas causas. La provincia, con 3,6 millones de habitantes, acumula en torno a 2000 infectados de los 3163 nuevos casos de coronavirus en Ecuador, la mayor parte de ellos concentrados en la ciudad de Guayaquil, lo que la convierte per cápita en una de las ciudades más castigadas del mundo por la pandemia.

Más de cien solicitudes pendientes

Las autoridades intentan facilitar los procesos para evitar que la gente salga de sus casas a hacer filas por trámites legales para los entierros o las cremaciones. Hay gente "que ha logrado sacar el documento, comprar el cajón mortuorio, pero que no tienen un lugar dónde enterrar", y en ese caso, las autoridades están cediendo gratuitamente un espacio en el cementerio ya establecido para darles un entierro "digno", apuntó sobre una iniciativa del presidente Lenín Moreno.

El martes 7 de abril, las autoridades tenían unas 115 solicitudes pendientes de retiro de cadáveres de domicilios, así como de emisión de certificados de defunción, pero esperan más. "Estamos intentando salir de este desborde", dijo Wated al comentar que es complicado saber las causas de las muertes en domicilios, pues no se están realizando autopsias ni hay aún pruebas rápidas de Covid-19 en Ecuador.

Muerte de médicos en Guayas

Han fallecido más de 80 médicos por coronavirus en la provincia ecuatoriana de Guayas (Diego Vera, Twitter, 5 de abril de 2020)

El Colegio de Médicos de la provincia de Guayas confirmó que 86 profesionales han perecido en esta región de Ecuador como consecuencia del coronavirus Covid-19 (Fig. 53).

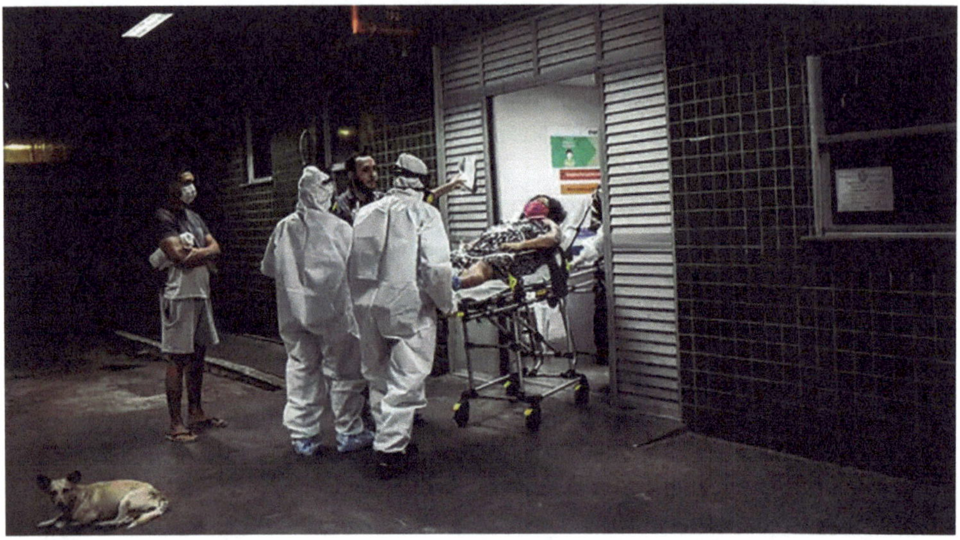

Fig. 53 Muerte de médicos en Guayas.

El presidente de la institución, Wilson Tenorio, informó la semana pasada que 700 médicos están contagiados por el virus en Guayas, e insistió en una mejor protección para el personal sanitario ecuatoriano.

La capital de Guayas, Guayaquil, se ha convertido en el epicentro de la pandemia en el país con un acumulado, por el momento, de 9468 casos confirmados de Covid-19.

El personal de salud de la provincia denunció reiteradamente que no disponen de las condiciones adecuadas de bioseguridad para atender a quienes llegan a los centros sanitarios, colapsados trás el crecimiento de los contagios.

Por su parte, el Ministerio de Salud Pública de Ecuador insiste en que la mayoría de los médicos y enfermeros con la Covid-19 no se contagiaron necesariamente dentro de los hospitales. Además, afirmó que se trata de "contagios comunitarios" o que el personal de salud llevó a esos escenarios.

No obstante, el Colegio de Médicos del Guayas rechazó esas declaraciones y aseveró que "tratan de deslindar la responsabilidad del Estado por la negligencia en el abastecimiento de insumos, medicinas y equipos de bioseguridad para los profesionales de la salud".

Moreno, quien llegó al poder en 2017 como candidato de la izquierda, ha provocado gran desconento popular en Ecuador por su giro político y económico neoliberal. La mala gestión del Gobierno de la pandemia del coronavirus ha provocado que aparezcan en las calles del país cuerpos abandonados de fallecidos por distintas causas.

Moreno traiciono la izquierda después de la ayuda directa que le dio Correa en las elecciones y metió al país en una dirección neoliberal que lo ha llevado a unas de las catástrofes más grotescas e inhumanas que se hallan conocido en la historia ha dejado un trago amargo en la conciencia de los hombres no solo de su país sino del mundo manifestado en la incapacidad y desdén en como trato la crisis y la historia que si no perdona le pasara la cuenta ineludiblemente.

Gloria eterna a todos los desprotegidos que dejaron su vida aislados y en silencio y muchas veces fueron enterrados sin ni siquiera haber sido reconocido por los familiares y muchas disculpas a los familiares que perdieron sus seres queridos sin despedirlos y a veces sin reconocerlos Moreno después de esto que se valla a su casa a disfrutar todo lo que ha robado si antes la vida no le pasa la cuenta ha sido una vergüenza lo que ha hecho.

CAPÍTULO 3

Cuba salva vidas

Cuba ha mandado brigadas médicas a una veintena de países en medio de la pandemia de la covid-19, demostrando al mundo lo que significa la verdadera solidaridad (Fig. 54).

Fig. 54 Médicos cubanos internacionalistas.

Los profesionales de la salud han llegado a más de 25 países, incluso hasta algunos desarrollados como Italia, Francia y España, potenciando el ideal de que **"un mundo de cooperación para el bienestar es posible"**.

Mientras algunos países exportan armas y guerras, hoy los cubanos llevan su ayuda a las autoridades nacionales y locales de estos países en la batalla (Fig. 55).

Fig. 55 Llega a Italia la brigada medica cubana Henry Reeve.

Desde 2005, Cuba creó el Contingente Internacional de Médicos Especializados en Situaciones de Desastres y Graves Epidemias Henry Reeve, y desde entonces su ejército de batas blancas ha acudido al auxilio de víctimas de terremotos, huracanes, inundaciones y epidemias en África, América Latina, el Caribe, Asia y Europa.

Una campaña en línea lanzada por la Asociación Belga "Cubanismo.be", pide la entrega del Premio Nobel de la Paz a las brigadas médicas cubanas que luchan contra la Covid-19 en diversos continentes: "No olvidemos que Cuba tiene una economía 10 veces más pequeña que la de Bélgica y que sufre un criminal bloqueo económico y financiero impuesto por Estados Unidos, el cual priva literalmente a su pueblo de oxígeno", advirtió Cubanismo.be."al punto de impedir a la mayor de las Antillas la compra de aparatos respiratorios, equipos clave para tratar a los pacientes más graves con esta enfermedad".

Pero también Cuba salva vidas, con la participación activa y de forma disciplinada de la población para evitar el contagio. También enfrenta el desafío mundial impuesto por la pandemia, más los efectos del bloqueo económico que nos limita para adquirir insumos.

En unas de sus intervenciones en los medios nacionales de comunicación, el Ministro de Salud de Cuba el doctor José Ángel Portal Miranda apuntaba que "...a pesar de la tecnología, las pruebas diagnósticas, la pesquisa activa, el crecimiento del número de casos depende de la interacción entre las personas sanas y enfermas; por tanto, salvar vidas y reducir contagios solo es posible si cortamos la cadena de transmisión y, para ello, hay que declarar los síntomas y acudir de inmediato al médico". Y, aunque en muchos países de la región esas acciones son difíciles de cumplir por la propia esencia de sus sistemas económicos y sociales, en Cuba es posible porque contamos con el compromiso y la voluntad que se necesitan del pueblo para la contención, y con la velocidad en la actuación, no solo del Gobierno, sino también de las personas. Acotó el Ministro de Salud de Cuba que "...en los lugares de mayor riesgo, se han intensificado las medidas, tales como la prohibición de movimiento, el incremento de las pesquisas y el tratamiento oportuno de los enfermos, así como la desinfección en estos sitios para evitar la propagación" (Fig. 56).

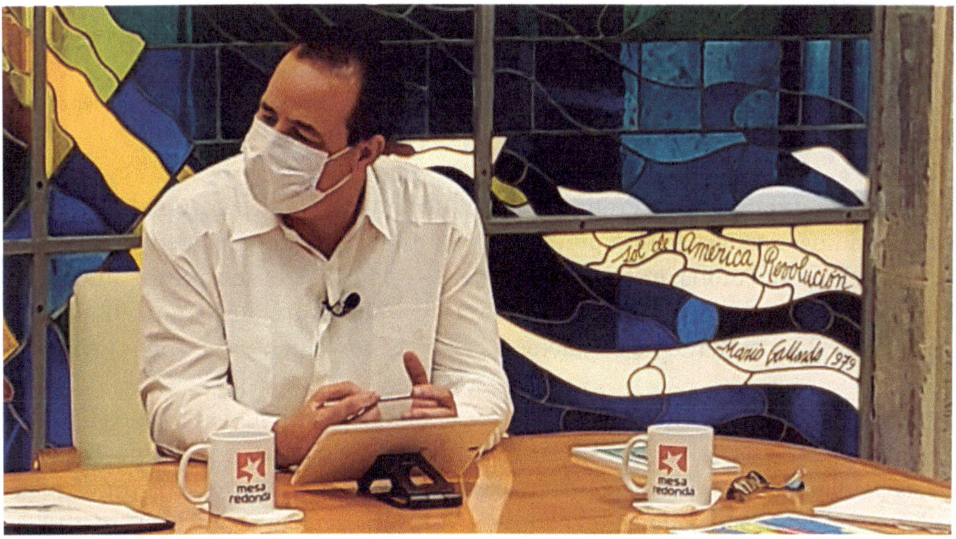

Fig. 56 Ministro de Salud Pública de Cuba, José Ángel Portal Miranda.

El aislamiento social es importante, pero también la información certera y actualizada del comportamiento del virus en el país y el mundo. Diariamente el doctor Francisco Durán García (Fig. 57), director nacional de Epidemiología del Ministerio de Salud Pública de Cuba; se dirige en Conferencia de Prensa a todo el pueblo con la información acerca del comportamiento de la pandemia a nivel nacional e internacional, aportando consejos oportunos a la población.

Fig. 57 Conferencia de prensa del Doctor Francisco Durán García, Director Nacional de Epidemiología del Ministerio de Salud Pública de Cuba.

En Cuba se desarrolla un Protocolo de actuación nacional para enfrentar la covid-19 en dos escenarios: uno preventivo, y otro de atención a pacientes contagiados con el nuevo coronavirus en sus diferentes estadios. Las acciones se inician en la comunidad o en el nivel primario de atención, y se continúan en aquellos centros destinados al aislamiento de contactos o personas provenientes de zonas de riesgo.

A pesar de las limitaciones impuestas por el bloqueo de Estados Unidos a Cuba, los trabajadores de la Salud tienen garantizados el obligatorio uso de guantes, batas de manga larga, protección ocular y máscaras, sin negar que algunos trabajadores del sector han sido contagiados en los primeros momentos de la incursión de la enfermedad.

Pero hasta el 5 de mayo las cifras de contagio en sentido general disminuyeron, gracias a la labor de los médicos, científicos y personal involucrado en la atención de los pacientes.

El Ministerio de Salud Pública de Cuba adoptó las mejores evidencias científicas existentes, para revisar constantemente el protocolo de actuación, y hacer modificaciones, siendo fundamental la asistencia primaria de salud, en la identificación de personas vulnerables, en la detección de enfermos y en las acciones de vigilancia y acompañamiento de la recuperación de los afectados.

En todos los policlínicos de los territorios se han habilitados las consultas para pacientes con manifestaciones de infección respiratoria aguda, se dispone de los medios de protección para el personal que trabaja en estas consultas al igual que para el resto del personal que labora en todos los servicios. De esta manera al realizar los interrogatorios y exámenes físicos de los pacientes, se evalúan y clasifican los casos.

La pesquisa a toda la población se realiza en paralelo. En el caso de la existencia de pacientes sospechosos, es obligatorio cumplir el régimen de cuarentena, sin visitas ni acompañantes, además de cumplir las medidas de protección individual como el uso de nasobucos, batas y guantes, tanto para pacientes como el personal asistencial.

Las mejores alternativas para frenar el contagio en Cuba se aplican en el nuevo sistema cubano de diagnóstico que permitirá ampliar estudios en la población con menos costos, reduce la dependencia de las importaciones de insumos y llegará hasta las zonas intrincadas del país. Este nuevo método de diagnóstico se sustenta sobre la base de la conocida tecnología cubana suma (Sistema Ultra Micro Analítico), capaz de determinar la presencia del virus en una mayor cantidad de personas, supuestamente sanas para determinar si padecen o han padecido la enfermedad.

Después de 60 días de la covid-19 en Cuba su presidente, Miguel Díaz-Canel Bermúdez declara que "después de confirmados los primeros casos positivos a la covid-19 en la Mayor de las Antillas, el comportamiento de la enfermedad en el país se mantiene dentro de los pronósticos más favorables, y el Gobierno cubano, lejos de confiarse, continúa la evaluación sistemática de cada una de las medidas que se han diseñado para enfrentar la epidemia en los más diversos escenarios" (Fig. 58).

Fig. 58 Presidente de Cuba, Miguel Díaz-Canel Bermúdez.

La tendencia es a la disminución de los casos activos en el país. El titular de Salud Pública en Cuba, destacó que "...mientras el Sistema de Salud Pública cubano continúa inmerso en el enfrentamiento al nuevo coronavirus en el territorio nacional, 25 brigadas médicas del contingente internacional Henry Reeve, integradas por más de dos mil colaboradores, contribuyen a salvar vidas en diferentes lugares del planeta. (...) Del total de estos colaboradores, 975 atienden casos de Covid-19, 779 laboran en la llamada zona roja, y 54 se encuentran en centros de aislamiento".

Centenares de médicos cubanos llegaron a países en los que la pandemia del coronavirus sigue produciendo estragos y manteniendo a sus sistemas de salud al borde del colapso. Se les vio aterrizar en Jamaica, recibir aplausos en Andorra y montar hospitales de campaña en Lombardía, mostrando el carácter humanista de la Revolución Cubana. Vuelos con médicos, enfermeros y técnicos de laboratorios salieron desde Cuba a Venezuela, Nicaragua, Surinam, Jamaica, Dominica, Belice, San Vicente y las Granadinas, San Cristóbal y Nieves, España e Italia.

Venezuela

"Médicos de la Brigada Henry Reeve llegaron a Venezuela para reforzar la colaboración médica necesaria para luchar contra el coronavirus. En Cuba existe un sentimiento nacional de querer colaborar. En este sentido apoya a Venezuela en la contención de la covid-19, donde además evalúan las posibilidades de empleo de los medicamentos cubanos en interés del combate a esta enfermedad. Al menos 1200 médicos cubanos llegaron a Venezuela para ayudar a combatir la covid-19", según informó el mandatario Nicolás Maduro (Fig. 59) (ABC.Es, 20 de abril de 2020).

Fig. 59 Presidente de Venezuela, Nicolás Maduro.

También aprovechó para celebrar la supuesta baja mortalidad de la covid-19 en su país, pese a que las cifras han causado desconfianza entre otros gobiernos y organizaciones.

Tanto Venezuela como China y Cuba han sido acusadas internacionalmente de poca transparencia en sus cifras de coronavirus, de esconder sus casos y "disfrazar" las muertes.

Sin embargo, los países comunistas siguen dándose apoyo entre sí y ahora el contingente cubano se incorpora a las brigadas médicas permanentes en Venezuela, poco después de conocerse que hay cinco galenos cubanos infectados con la covid-19 en ese país.

Maduro aseguró en Cadena Nacional de Radio y Televisión Venezolana (15 de mayo de 2020),

...que los médicos cubanos infectados ya se encuentran bajo tratamiento. Todos están ingresados en el mismo Centro de Diagnóstico Integral La California Sur, en Guarenas, cerca de Caracas.

"Están aquí atendiendo a nuestro pueblo con amor. Gracias Cuba, gracias a Fidel en el cielo y en la tierra, gracias a Raúl, gracias a Díaz-Canel".

Venezuela está preparada para recibir apoyo de todos los países que así lo decidan, a partir de pasos humanitarios. A aquellos que mandaron mensajes en privado, que mandaron mensajes en público, mi respuesta es una sola: estamos listos para dialogar, entenderse y lograr un acuerdo humanitario.

Al igual que a Cuba, a Venezuela la comunidad internacional le reconoce su labor en el tratamiento a la pandemia. Pese a la política hostil de Estados Unidos, exhibe los mejores indicadores en América Latina. Es por eso que la Organización Panamericana de la Salud (OPS) muestra interés por acercarse a la experiencia venezolana con un escenario bien diferente al de otros países vecinos como Brasil y Colombia. La mayoría de los casos confirmados en Venezuela corresponde a personas que ingresaron al país procedentes de Colombia, Brasil, Ecuador y Chile. Es por eso que el gobierno refuerza los protocolos sanitarios en sus fronteras. Aplica, además, una encuesta serológica que les permite detectar anticuerpos para hacer frente al virus.

El presidente Nicolás Maduro asegura "...que tiene todos los equipamientos necesarios para enfrentar la pandemia. Además cuenta con los programas Barrio Adentro, los médicos, los centros de Diagnóstico Integral habilitados para atender a las personas que se presenten con síntomas por el nuevo coronavirus, también cuentan con más de 23 000 camas de hospitalización y más de 4000 unidades de cuidados intensivos para evitar la propagación del brote, suman, además la disponibilidad de medicamentos para enfrentar el virus" (Radio y Televisión Venezolana, 15 de mayo de 2020).

Con la ayuda de Cuba, Venezuela fortalece su atención primaria de salud, considerada por su gobierno como la primera trinchera en el combate contra la covid-19, llegando hasta los sitios de mayor vulnerabilidad. Las medidas básicas para su control sanitario son: la radicalización de la cuarentena voluntaria social y colectiva, el pesquísaje activo, llegando a los hogares para hacer pruebas diagnósticas, la garantía de contar con todos los medios terapéuticos necesarios para que en el momento en que se requiera, aumentar las camas en los hospitales y la realización de un sondeo a través de la plataforma Patria; herramienta virtual que permite interactuar con las autoridades. Finalmente, asume Venezuela que cuenta con todos los medicamentos establecidos en los protocolos internacionales, para atender a todas personas que lo necesiten.

Y mientras tanto, Estados Unidos continua con su compaña difamadora para borrar los méritos de Venezuela y de los médicos cubanos que salvan vida por todo el mundo. La actual embajadora de Cuba en Canadá, Josefina Vidal, denunció en Twitter "Debería darle vergüenza, en lugar de atacar a Cuba y sus médicos comprometidos deberían preocuparse de los miles de estadounidenses enfermos que sufren y mueren... debido al descuido escandaloso de su gobierno y la incapacidad de su sistema de salud fallido para cuidarlos".

Muchos países de la región rechazaron al crucero británico, MS Braemar, pero Cuba dio el paso y ofreció su ayuda al crucero que traía a bordo cinco casos confirmados de coronavirus y docenas de personas que sufrían síntomas similares a la gripe. Los trabajadores de salud cubanos llevaron a cabo la operación arriesgada. En un día transportaron más de 600 pasajeros del crucero desde el puerto del Mariel hasta el aeropuerto de La Habana, donde esperaban cuatro aviones charter a Inglaterra."Estoy muy agradecido con el gobierno cubano por permitir que esta operación avance", dijo Antony Stokes, embajador del Reino Unido en Cuba (Fig. 60).

Fig. 60 Crucero inglés, MS Braemar.

Pasajera del MS Braemar: "Gracias a Cuba por habernos abierto el corazón".

El doctor Jorge Juan Delgado Bustillo, director de la Unidad Central de Colaboración Médica del Ministerio de Salud Pública de Cuba declaró al periódico Granma (21 de marzo de 2020) que "...ningún colaborador de la salud se reporta como enfermo con el nuevo coronavirus en nuestras brigadas médicas en el exterior. Suman 59 las naciones que reciben asistencia sanitaria de Cuba".

A medida que los sistemas de atención médica de otros países fallan, más médicos cubanos están en la primera línea de la pandemia. Mientras Cuba salva vidas y disminuye las posibilidades de expansión de la covid-19, son preocupantes las tendencias al incremento de contagios en África, Europa del Este, América Latina y algunos países asiáticos.

La estrategia para el futuro no lejano

La Organización Mundial de la Salud (OMS) insiste que las condiciones que favorecerán una respuesta positiva a la pandemia son el nivel de solidez y madurez de los sistemas sanitarios y sociales, así como la estrategia para atacar la epidemia.

"El aislamiento social no basta para detener el coronavirus, es necesario detectar todos los casos", dijo Tedros Adhanom Gebreyesus, director de la OMS (UN/News, 16 de marzo de 2020).

"Confinar a la población puede servir para reducir el contagio y aliviar al sistema sanitario. Lavarse las manos, o toser y estornudar en el codo sirve para uno mismo y los demás. Pero ninguna de esas medidas basta por si solas", insiste el director de la OMS, doctor Tedros Adhanom Gebreyesus.

La forma más efectiva de prevenir infecciones y salvar vidas es romper las cadenas de transmisión. Y para hacer eso, "se deben hacer pruebas" y "tomar medidas para aislar los casos positivos", agrega el doctor Tedros Adhanom Gebreyesus.

En ese sentido, los sistemas sanitarios de cobertura universal, o casi universal, con los que cuentan países como China, Singapur, Japón y Corea del Sur y el ejemplo que esta dando Cuba con sus resultados, lograron controlar la expansión de la epidemia y atender a la población enferma.

Corea del Sur se convirtió en ejemplo por su eficaz estrategia para contener la enfermedad de la covid-19 y revertir la tendencia: en la región foco del brote, se puso en marcha un rápido y masivo (hasta diez mil pruebas por día) operativo de rastreo y detección de las personas infectadas y a los posibles contagiados por contacto.

La estrategia de rastreo, detección y tratamiento de los infectados, permitió planear adecuadamente la atención en salud debido a que solo 10% de los contagiados requieren hospitalización. De esta manera, y si se cuenta con un sistema sanitario con recursos suficientes, se evita el colapso.

En un artículo publicado en el International Journal of Health Services bajo el título "Necesitamos una atención de salud pública sólida para contener la pandemia mundial de Corona", Wim De Ceukelaire y Chiara Bodin señalan que ante la incapacidad de sus sistemas sanitarios de coordinar respuestas colectivas adecuadas, los gobiernos europeos tomaron al distanciamiento social como pieza principal de sus planes de mitigación del Covid-19, centrando su estrategia en las responsabilidades individuales de la gente.

Sin desconocer la importancia de estas medidas, las autoras y directivas de la Ong belga "Viva la Salud", advierten que son insuficientes si no se acompañan de provisión de servicios públicos sociales y ayuda a las familias. También, dice, "es primordial garantizar los derechos laborales y sociales de la población para resolver los problemas creados por la pandemia en los mercados de trabajo y en las sociedades sometidas a ella".

Por otro lado nos queda por resolver una pandemia que ya lleva más de cinco décadas disfrazada de cordero que es borrar de la faz de la tierra el neoliberalismo y abogar por una sociedad democrática centrada en el amor y la solidaridad entre los hombres.

Quiero terminar con una referencia que hizo el Comandante en Jefe Fidel Castro en la clausura del IV Encuentro Latinoamericano y del Caribe:

Hace falta una lucha infatigable contra las causas que originan la pobreza; hace falta una lucha inconmovible contra el capitalismo, contra el neoliberalismo y contra el imperialismo, hasta el día en que deje de hablarse de miles de millones de seres humanos que pasan hambre, que no tienen escuelas, que no tienen hospitales, que no tienen trabajo, que no tienen techo, que no cuentan con los más elementales medios de vida.

Made in United States
Troutdale, OR
11/03/2026

56844361R00096